CUÁNTICA

CUÁNTICA

TU FUTURO EN JUEGO

JOSÉ IGNACIO LATORRE

Ariel

Primera edición: marzo de 2017
Décima impresión: noviembre de 2025

Derechos exclusivos de edición en español:
© 2017 y 2025: Editorial Planeta, S. A.
Avda. Diagonal, 662-664, 08034 Barcelona
Editorial Ariel es un sello editorial de Planeta, S. A.
www.ariel.es

ISBN: 978-84-344-2539-2
Depósito legal: B. 2.373-2017

Impreso en España

El papel de este libro procede de bosques gestionados de forma sostenible y de fuentes controladas.

A mis padres

A la memoria de Pedro Pascual

La ciudad de Cuántica

En su bellísimo libro *Las ciudades invisibles*, Italo Calvino imagina ciudades con nombre de mujer que Marco Polo describe a Kublai Kan, rey de los tártaros. En Zora, todos sus habitantes recuerdan cada callejuela y cada edificio con fidelidad perfecta. En Ersilia, las relaciones humanas se materializan en hilos de colores que saturan la ciudad y hacen imposible vivir en ella. A varias leguas de camino, la ciudad de Leonia se rehace a sí misma todos los días.

Tras saber de muchas urbes, Kublai Kan decide que será él quien imagine nuevas ciudades y pide a Marco Polo que las encuentre, las visite y, a su retorno, se las describa con mayor detalle. Marco Polo utiliza un truco para recordar cada uno de sus descubrimientos: en su mente toma una ciudad ideal y narra las diferencias entre esta y el lugar que viene de conocer. Esa ciudad ideal es Venecia.

Es tentador pensar que Calvino habría querido incluir la ciudad de Cuántica en su relato. Marco Polo nos diría que en las calles de Cuántica aparecen abismos que no presentan peligro alguno para sus habitantes. Sus casas y sus calles mutan en cada visita. De hecho, la aleatoriedad constituye la ley que rige en Cuántica. Muchos sabios han debatido largamente sobre el gran arquetipo que tal vez subyazca bajo el amagado azar de sus construcciones, sin lograr un consenso unánime. A pesar de dudar del significado de sus fundamentos, los arquitectos de Cuántica siguen levantando magníficos edificios que desafían al sentido común.

A los ojos del visitante, la ciudad de Cuántica está protegida por muros altos. Con satisfacción, el visitante descubre que la muralla se penetra con un pequeño esfuerzo, al precio de olvidar el sentido del tiempo. La lógica que el visitante ha acumulado a lo largo de sus viajes anteriores no es útil en Cuántica, donde casi todo es posible, donde el prejuicio no tiene cabida.

En el imaginario de las ciudades sutiles, Cuántica se fija de forma perenne en la memoria del viajero. Las disputas intelectuales de sus ágoras despiertan la imaginación, el afán de saber y la admiración.

Sean bienvenidos a la ciudad de Cuántica.

Prólogo

Vivimos en un mundo cuántico.

Las elegantes leyes de la mecánica cuántica describen el comportamiento físico de nuestros átomos, que se transforma en química, y esta en biología. Todos nos resistimos a aceptar que nuestro mundo diario pueda reducirse a ecuaciones, pero ya hemos recorrido una parte de ese camino, el de aceptar que nuestra realidad pueda ser descrita por la ciencia. Atisbamos también que hay una dirección lógica que nos lleva de lo más pequeño a lo más grande. Si comprendemos las leyes básicas, tal vez podamos comprender la complejidad del universo. En ese tránsito, la mecánica cuántica nos ha cautivado con su tremendo poder, casi mágico, para crear tecnologías que nadie supo vislumbrar en el pasado.

En este siglo XXI, los humanos nos relacionamos usando herramientas que ahora nos parecen imprescindibles y que nos superan. ¿Podríamos vivir sin enviar mensajes, sin utilizar teléfonos inteligentes, sin ver imágenes que transmitimos a la velocidad de la luz, sin escuchar un sinfín de música almacenada en memorias microscópicas? Toda la tecnología, todos los elementos que sirven de base a la vida de plantas y animales, incluso el calor que emana del Sol, todo tiene un origen cuántico. Sin embargo, comprender la mecánica cuántica es una tarea que la sociedad ha reservado a una minoría de científicos. ¿Por qué? Hay varias razones. Una de ellas es que la mecánica cuántica requiere utilizar unas matemáticas que no son sencillas. Es una pena. Intentemos imaginar lo que sería la música si solo la pudieran escuchar aquellos que saben leer complicadas partituras. Ahí estaría la sinfonía *Coral* de Beethoven, la novena, sublime e inasequible para todos los que no supieran leer simultáneamente los pentagramas de los violines, de las violas, de los chelos, de los oboes, de todos los instrumentos y cantantes. Afortunadamente para muchos de nosotros, la música no requiere de sesudos conocimientos de solfeo para ser escuchada y disfrutada. La música puede ser compartida, discutida, reinterpretada. Incluso cualquier persona con sentido musical puede tocar un instrumento y sumarse a una *jam session*. La música es uno de los mayores placeres de los sentidos, sin barrera intelectual alguna.

En clara contraposición a la música, tenemos a la mecánica cuántica. Castigada de cara a la pared. Está apartada, aislada, olvidada, casi repudiada. Ella da comodidad a nuestra vida. Utilizamos sus láseres, sus resonancias magnéticas, sus chips de ordenadores, pero no queremos saber en qué ideas se fundamenta la mecánica cuántica porque se nos antoja que el esfuerzo para comprenderlas debe de ser enorme. Pero en un rincón de nuestro cerebro queda la duda. ¿Qué es la mecánica cuántica? ¿Qué principios sigue? ¿Es una teoría incontestable? ¿Es una serie de reglas matemáticas? ¿Es un misterio que la humanidad está empezando a desvelar o es un saber cerrado, bien establecido?

Esta paradoja se acrecienta cuando aquellas personas que se inician en la mecánica cuántica descubren su profundo contenido filosófico. Es toda una sorpresa. La mecánica cuántica no solo sirve para crear nueva tecnología, sino que nos fuerza a abandonar todos nuestros prejuicios. ¿Qué significa conocer? ¿Qué significa saber, mirar, interpretar? ¿Es el mundo predecible? ¿Es posible describir de forma exacta el futuro? ¿Hay azar? ¿Existe el libre albedrío? ¿Qué es la Realidad, con mayúscula? Lejos de ser una teoría fría, rígida y conceptualmente inapelable, la mecánica cuántica es campo de batalla para discusiones filosóficas profundas.

La mecánica cuántica tiene paciencia. Ella espera a que cada uno de nosotros se sienta atraído por las grandes preguntas. Cuando el momento llega, el diálogo se establece. Sin prisa, los conceptos cuánticos penetran en la mente para no irse jamás.

¿Para qué?

¿Para qué sirve la mecánica cuántica?

Saber el para qué es consustancial a la naturaleza humana.

¿Para qué sirve estudiar arquitectura? Parece fácil responder a esta pregunta: la arquitectura sirve para construir edificios. Todos entendemos que necesitamos casas, organizadas en ciudades que deben estar bien conectadas. Estudiar arquitectura, urbanismo o ingeniería de puentes y caminos es claramente útil. En cambio, si alguien dice que quiere estudiar griego, sufrirá la sentencia pública: «Eso no sirve para nada». No sirve estudiar griego, ni arameo, ni un batallón de titulaciones de reputada inutilidad laboral. Esa es la opinión dominante. Muchas personas creen firmemente que en la vida solo tiene sentido dedicarse a actividades útiles y, preferiblemente, de inmediata recompensa monetaria. Otras personas, entre las que me encuentro, opinamos de forma diferente.

Para iniciar mi refutación al criterio de utilidad comercial inmediata debo aceptar que la mecánica cuántica es para mucha gente un tema desconcertante porque tiene un estatus muy especial. Se podría decir que toda la ciencia abstracta se halla en un limbo indefinido del «¿para qué?». ¿Para qué sirve la mecánica cuántica? Creemos adivinar que sí debe ser útil, dado que todos los países avanzados tienen centros de investigación dedicados a ese tema. También aceptamos que nuestra tecnología debe venir de algún hallazgo científico, tal vez cuántico. Pero insistimos en nuestro orden de prioridades: antes de saber *qué es* o *qué dice* la mecánica cuántica, nos preguntamos *para qué sirve.* Si la mecánica cuántica es realmente útil, podría valer la pena hacer un esfuerzo para comprenderla.

La mecánica cuántica sí es útil. Una prueba de ello está en nuestro bolsillo: nuestro teléfono. Los chips que se hallan en su interior están formados por transistores basados en principios de mecánica cuántica. Son el corazón del teléfono. Además, fueron impresos con luz láser. Un láser es un haz de partículas de luz que mantienen la coherencia cuántica entre ellas. Usamos la mecánica cuántica como instrumento, y como objeto creado por el instrumento. Es ubicua.

La utilidad cuántica no se reduce a los teléfonos. Valgan unos pocos ejemplos más. Nos comunicamos con luz láser en fibras ópticas. Utilizamos resonancias magnéticas para indagar el interior del cuerpo humano, resonancias que aprovechan nuestro control sobre los espines cuánticos de los núcleos de los átomos. Tomamos tomografías basadas en la aniquilación cuántica de electrones y positrones. Empleamos luces de diodos cuánticos para ahorrar energía. Ingeniamos todo tipo de aplicaciones del magnetismo intrínseco de las partículas más elementales. Dominamos estos procesos y muchísimos más porque están regidos por leyes cuánticas que hemos descubierto. Lo sepamos o no —nos guste o no—, la mecánica cuántica sustenta una parte enorme del producto interior bruto de nuestro país.

Es obviamente lícito preguntar para qué sirve la mecánica cuántica y, como intuimos, la respuesta es tan extensa como abrumadora.

En defensa de lo inútil

Quisiera fijar totalmente mi posición frente a la cuestión de la utilidad inmediata de toda actividad humana. Es un tema que vale la pena discutir. Olvidemos por un momento la mecánica cuántica y hagamos la misma pregunta con respecto a otras inquietudes que ha desarrollado la especie humana.

¿Tiene sentido preguntarse para qué sirve la música?

¿Debe tener un objetivo útil recordar nuestra historia, memorizar la geografía de un país o recitar poesía?

¿Todo debe ser útil?

La historia de la humanidad parece decirnos exactamente lo contrario. El hombre ha construido armas terribles para defender su país, que está hecho de valores intangibles como su lengua, su arte, sus costumbres. Muchos han sacrificado su vida por idearios inútiles. Incluso se puede argumentar que todo pueblo guerrero que derrota a una nación culta es finalmente colonizado por esta. A pesar de siglos de invasiones, Grecia pervive entre nosotros porque lo que de verdad nos importa es lo inútil, lo abstracto, lo profundo, lo absoluto.

Decía el gran matemático G. H. Hardy en su *Apología de un matemático* que Arquímedes será recordado eternamente, incluso por encima de Esquilo. Sin duda le recordaremos por encima de los generales griegos que ganaron batallas y cuyos laureles hemos olvidado. De hecho, nadie recuerda el nombre del soldado griego que asesinó a Arquímedes. Hardy insiste: si existe una forma de reclamar fama eterna, crear matemáticas es la mejor apuesta que una persona puede hacer. Las matemáticas hallan relaciones absolutas, exactas, y, por lo tanto, nos dan certezas eternas. Poco importa que sean útiles o inútiles: son imperecederas. Y no menos impresionante es la pervivencia de la música. Tarareamos una melodía de Vivaldi, pero hemos olvidado las disputas políticas de su tiempo.

Lo inútil aplasta poco a poco, pero sin pausa, a lo meramente útil.

Personalmente, creo que el éxito a largo plazo de lo inútil tiene al menos dos motivos claros. En primer lugar, lo inútil está profundamente ligado a la creatividad. Un niño que juega solo es un portento de creatividad. Su cerebro necesita explorar, probar, tantear, componer, crear algo donde no había nada. No hay un fin bien definido en el acto de jugar. Hay descubrimiento, hay sorpresa. Nos adentramos en lo inútil porque nos aporta sorpresa. Nuestro cerebro adora descubrir. La inutilidad sirve a la creatividad.

Una segunda razón del éxito de lo inútil es que proporciona una imparable adquisición de nuevo conocimiento. El ventajoso bagaje intelectual que aporta lo inútil es ulteriormente responsable del verdadero cambio social.

El primer conde de Balfour, Arthur James, dejó escrito un párrafo notable en su libro *Decadence*:

> La ciencia ha sido uno de los mayores instrumentos de transformación social, pues aunque su objetivo no es el cambio mismo, sino el conocimiento, la silenciosa apropiación de este cometido dominante, en medio del estrépito de las disputas religiosas y políticas, es la revolución que con mayor resonancia ha marcado el desarrollo de la civilización moderna.

Adoro la idea de que la silenciosa apropiación del conocimiento, en medio del estrépito de las disputas religiosas y políticas, es la revolución más profunda que sufre nuestra civilización. De esta reflexión emerge un consejo para los jóvenes estudiantes: olvidad el estrépito de la información y focalizaos en el conocimiento.

Belleza de una ecuación

Los científicos que trabajan en mecánica cuántica hablan con frecuencia de la belleza de esta teoría. A muchas personas les resulta paradójico ver cómo mentes ordenadas recurren a ideas de belleza para hallar una explicación final a sus hallazgos. Se diría que sin belleza no sabemos avanzar. Ella es nuestra guía, una musa para nuestras ecuaciones.

El premio Nobel Steven Weinberg, famoso por su magnífico relato de *Los tres primeros minutos del universo*, intentó describir qué significa «belleza» en el mundo de las ecuaciones. Weinberg compara el arte de hacer ciencia al de criar caballos. ¿Qué significa decir que un caballo es hermoso? No es obvio explicarlo para una persona ajena al mundo de la equitación. Sin embargo, un criador de caballos ve inmediatamente las proporciones armoniosas de su anatomía. Un profesional es capaz de apreciar la grupa de un caballo andaluz, su musculatura, su trote. Aunque no sepa definirlo con precisión, un criador de caballos sabe cuándo tiene frente a sí un magnífico ejemplar. De la misma manera —argumenta Weinberg—, los científicos perciben la belleza de una ecuación. Son expertos. Saben ver cómo una ecuación es capaz de explicar algo sencillo o algo profundo. Ven la armonía, la simetría, la sencillez de unos pocos símbolos que predicen innumerables fenómenos.

Para algunos científicos, la armonía de una ecuación es su única justificación. Decía Paul Adrien Maurice Dirac que más vale una ecuación bella que una ecuación cierta. Fue más lejos: Dios empleó matemáticas bellas para crear el mundo.

Hay ecuaciones bellísimas. Es un consenso entre los científicos.

Simplicidad y simetría

También Albert Einstein creía firmemente en la belleza y simplicidad de toda teoría cierta. Es difícil argumentar qué significa «simplicidad» en el mundo de las ecuaciones.

Cuando se estudian las ecuaciones de la *teoría de la relatividad general* de Einstein, se percibe de inmediato un sentido de simplicidad. Todos los fenómenos gravitatorios pueden ser descritos por una única ecuación. Las mismas ecuaciones describen cómo cae una manzana en la cabeza de Newton, cómo gira la Luna en torno a la Tierra y cómo se desvían los rayos de luz que pasan cerca de grandes galaxias. Además, las ecuaciones de la relatividad general se deducen a partir de un principio de simetría. ¿Qué significa «un principio de simetría»? Simetría es la propiedad de que una ley física no dependa de ciertas variaciones en la forma en que la observamos.

La simetría habla de universalidad. Basamos nuestras leyes en principios de simetría, en un principio de armonía, de simplicidad. La ciencia más profunda es estética en estado puro.

Una catedral intelectual

Muchas construcciones abstractas hechas por los humanos son impresionantes. Tenemos la insondable teoría de números como ejemplo de proeza intelectual hecha colectivamente por generaciones de matemáticos. O tenemos arias de Bach donde cada nota parece ser exacta, insustituible. Al elogiar la mecánica cuántica, la teoría de números o un aria de Bach en términos grandilocuentes no deseamos menospreciar los méritos de otras construcciones humanas. Tan solo deseamos transmitir la profunda admiración que produce adentrarse en ellas.

Al inicio de este libro hablaba de la ciudad de Cuántica. Pero ahora me gustaría comparar la mecánica cuántica con una de sus catedrales. Muchos son los motivos. Uno importante es que la mecánica cuántica no es una teoría hecha por un solo hombre. Tenemos la teoría de la evolución de Darwin, o la teoría de la relatividad especial y general de Einstein, pero no hay un único nombre que sea responsable de toda la mecánica cuántica. Si queremos asociar responsables al mundo cuántico, hemos de mencionar a Max Planck, a Albert Einstein, a Niels Bohr, a Erwin Schrödinger, a Werner Heisenberg, a Max Born, y seguir atribuyendo partes de la catedral a diferentes personalidades. Todos contribuyeron de forma esencial, y el resultado es una teoría admirablemente simple y compleja. Nadie esperaba que unos pocos principios fueran capaces de describir tantos fenómenos dispares. Nadie esperaba que la mecánica cuántica pusiera a prueba nuestros prejuicios clásicos.

La analogía entre la mecánica cuántica y una catedral intelectual tiene más matices. Una catedral necesita fuertes cimientos para alcanzar altura, de la misma forma que la mecánica cuántica se basa en postulados precisos que permiten construcciones posteriores sofisticadas. Por ejemplo, a partir de los postulados cuánticos podemos llegar a crear las teorías que describen las partículas elementales, a las que llamamos *teorías cuánticas de campos.*

Otra analogía que me agrada especialmente es el hecho de que la construcción de una catedral requiere un andamiaje prolífico que solo es retirado al final. Solo entonces, cuando los utillajes y la suciedad de la obra son eliminados, la belleza se hace patente. El camino que llevó a la mecánica cuántica fue igualmente duro, sucio, lleno de tropiezos. Ahora, en cambio, podemos explicar mecánica cuántica en nuestras universidades de forma limpia y elegante. Ahora podemos ver fácilmente su belleza interna. Basta adentrarse muy poco a poco.

1

Las leyes cuánticas

Marco Polo se habría sorprendido al descubrir que la ciudad de Cuántica se rige por una serie de leyes basadas en verdades indemostrables. Pero no debería sorprenderse. Otros lugares, como la ciudad de Newton, tienen también sus propias verdades indemostrables. Todas las ciudades las tienen, aunque sus habitantes no sean conscientes de ello. Pero sí es cierto que Marco Polo habría detectado que las leyes de Cuántica son marcadamente diferentes a las demás.

Los habitantes de Cuántica se han afanado en buscar otras formas de comprender su mundo, han intentado simplificar su conocimiento. Para ello han ideado una serie de principios mínimos, lo más elementales posible para describir todo su mundo. Llaman a esos principios básicos *postulados.*

Algunos visitantes de Cuántica no comprenden la necesidad de establecer verdades básicas. La réplica de los habitantes es clara: es necesario discernir entre lo que NO somos capaces de demostrar y aquello que SÍ sabemos deducir. Abundan en su defensa marcando la enorme diferencia entre una *verdad aceptada* y un *prejuicio.* Sus verdades aceptadas han sido sometidas a crítica exhaustiva. En cambio, aquellos que viven en el prejuicio son invitados al ostracismo.

Tras años de esfuerzo, Cuántica se basa en muy pocas pero potentes verdades indemostrables. No hay todavía un claro consenso de cómo establecer estas verdades iniciales y tal vez provisionales de forma satisfactoria para todos. Una gran parte de los sabios apoyan una versión práctica para poder seguir adelante con sus vidas. Basta —dicen— tener verdades que den lugar a resultados correctos y útiles. Este es un tema muy debatido en la ciudad de Cuántica. Los hay que apelan a que solo tiene sentido comprender el porqué en toda su profundidad. Lo demás es accesorio. Son gente tremendamente exigente y poco práctica. Pero la gran mayoría de los pensadores aceptan el excelente funcionamiento de las leyes de Cuántica. Dejan para mentes futuras la labor de refinarlas o incluso cambiarlas.

Los visitantes de la ciudad de Cuántica parten con una pregunta que retumba en sus mentes: ¿son bellas las verdades indemostrables de Cuántica? Es difícil responder a esta pregunta. La ciudad de Cuántica despierta asombro. Sus leyes son contundentes, atrevidas, incluso agresivas. Parecen una declaración de guerra.

Creo firmemente que las leyes de Cuántica son bellas.

POSTULADO I

$\hbar$

INFORMACIÓN

El postulado I de la mecánica cuántica establece que la *información* que tenemos sobre un sistema físico viene descrita por un objeto matemático que llamamos *función de onda.*

Podemos predecir, por ejemplo, lo que *hará* un electrón, pero no lo que *es* un electrón en su esencia más íntima. Tampoco sabremos *por qué* existe un electrón. Solo sabremos manipular la información que lo describe.

Parece difícil de comprender. Repitámoslo: la función de onda contiene toda la información que podemos disponer de un sistema. Toda.

Hace falta caminar despacio.

Humildad

Este primer postulado cuántico no tiene precedente conceptual en la historia de la ciencia.

Fijémonos bien: el postulado NO dice *qué* es un sistema. Por ejemplo, NO dice *qué* es un electrón. Solo dice que podemos usar ecuaciones para describir la *información* que tenemos del electrón. Por ejemplo, podremos describir dónde está el electrón o a qué velocidad se desplaza. Con las ecuaciones cuánticas seremos capaces de predecir todos los experimentos que hagamos con ese electrón.

La mecánica cuántica es una teoría humilde. Muchas personas pueden sentirse defraudadas. Por favor, no lo hagan. Todos queremos saber el porqué más profundo de las cosas, pero la sabiduría de la especie humana no ha llegado hasta ese punto. La mecánica cuántica no va a aportar las soluciones a nuestras preguntas existenciales. Solo somos personitas nacidas en este primer siglo cuántico que han llegado a comprender muy superficialmente ese mismo mundo cuántico que las contiene.

Cómo nos relacionamos con nuestro mundo

Esta humilde teoría, la mecánica cuántica, habla de lo que percibimos, de lo que experimentamos. Habla de nuestra mirada. De lo que vemos. De lo que medimos. Creo que la mecánica cuántica es una teoría mucho más humana de lo que parece.

Un último envite. Es cierto que la mecánica cuántica no describe qué son las cosas, no explica qué es la realidad última. Solo describe cómo vivimos nuestro universo, cómo nos relacionamos con él, cómo lo conocemos. Es natural que queramos aprehender totalmente la esencia de las cosas. Pero esas ambiciosas preguntas no tienen respuesta en la mecánica cuántica. Si se quiere discutir el último porqué de nuestro universo, la mecánica cuántica no aporta ninguna solución.

Matemáticas

El postulado I de la mecánica cuántica nos indica el camino *matemático* a seguir.

La función de onda (también llamada *ket* o *estado* en el argot científico) es un objeto matemático bien definido. De hecho, las matemáticas de la función de onda forman parte de nuestra intuición natural. Pensemos en un punto en una hoja de papel. Para definirlo podemos dibujar un origen de coordenadas y trazar una flecha desde el origen hasta el punto. Hemos construido un *vector*. Una flecha en el plano es un vector. Si giramos una flecha, o la desplazamos, tenemos otra flecha, otro vector. Un vector se transforma en otro vector. Todos los vectores posibles forman un ente que denominamos espacio vectorial.

En mecánica cuántica, la función de onda es un vector. El conjunto de los vectores de la mecánica cuántica recibe el nombre de espacio de Hilbert. Es frecuente denotar la función de onda con la letra griega ψ. Cuando queremos ser mucho más precisos y recordar que la función de onda es un vector utilizamos una notación que sorprende, $| \psi >$. Siempre que leemos este tipo de símbolos sabemos que estamos hablando de la información de un estado cuántico. Por ejemplo, podríamos así representar el espín de un electrón, el nivel energético de un átomo o la dirección de circulación de una corriente superconductora. Es también posible tener estados cuánticos con una infinidad de posibilidades. En ese caso los espacios de Hilbert tienen dimensión infinita.

Superposición de historias

El postulado I da pie a un hecho asombroso: la información de que disponemos sobre un sistema puede ser una *superposición* de varias opciones. La analogía con un vector, una flecha en el plano, es válida. Una flecha puede construirse como suma de dos flechas. De forma similar, la función de onda del sistema puede corresponder a la suma de las funciones de onda de dos opciones.

En mecánica cuántica hablamos de *superposición de historias*. Con estas palabras queremos indicar el hecho de que una función de onda puede comprenderse como suma de dos opciones. La información del sistema es compatible con dos formas de construirlo.

Veamos un ejemplo sorprendente. Lanzamos una partícula contra una pared con dos orificios. La información de que la partícula pase por uno de ellos viene representada por «orificio 1». Si, en cambio, la partícula pasa por el segundo, tendríamos «orificio 2». Pero en el mundo cuántico, si encontramos una partícula del otro lado de la pared, no sabemos qué opción puede haber tomado. Nuestra información es compatible con ambas opciones. Por lo tanto, la función de onda de una partícula del otro lado de la pared es la suma de las dos opciones:

«orificio 1» + «orificio 2»

Es tentador decir que la partícula ha pasado por los dos agujeros a la vez. Pero eso no es acertado. Lo correcto es decir que la información que tenemos sobre el sistema es compatible con las dos posibles historias y, en consecuencia, la función de onda es la suma de todas las historias posibles.

Interferencia cuántica

Si las historias posibles se suman en la función de onda, ¿es posible que exista una cancelación entre ellas?

¡Sí! Dos historias de cómo una partícula pudo llegar a un punto deben superponerse, y además pueden tener signos opuestos. Cuando eso sucede, la función de onda se anula en ese punto. Eso significa que la partícula nunca puede hallarse ahí. La posible cancelación entre historias, entre las partes de la función de onda, recibe el nombre de *interferencia cuántica.*

Es impresionante ir a un laboratorio de mecánica cuántica y observar un fenómeno de interferencia. Ante nuestros ojos vemos zonas negras en una pantalla que recoge electrones que han podido pasar por dos rendijas. Sus historias interfieren destructivamente. En cambio, en otras zonas su interferencia es constructiva.

La posibilidad de explicar el fenómeno de interferencia en detalle emana del uso de la función de onda como un vector. Las sumas de vectores pueden ser nulas. En mecánica cuántica, la suma de dos alternativas puede cancelarse gracias a que las representamos con vectores.

Siempre que nos planteemos si un sistema es cuántico, podremos intentar hacer aflorar sus propiedades de interferencia. Es su carta de identidad. Si hay interferencias entre historias, estamos frente a un fenómeno genuinamente cuántico.

Superposiciones en el espacio

¿Hasta dónde nos lleva el postulado I, dada la posibilidad que nos ofrece de describir superposiciones? Muy, muy, muy lejos.

¿Podemos crear un estado cuántico descrito por la superposición de que un ser esté vivo y muerto? Tenemos que llegar a esa discusión poco a poco, pero la respuesta anticipada es SÍ.

Empecemos por el caso sencillo de una partícula que pasa por dos agujeros. Podemos tener una partícula en la superposición cuántica de haber pasado por dos agujeros distintos. Esa posibilidad la hemos verificado experimentalmente. Lo interesante es el camino que se ha seguido para lograr repetir el experimento con objetos grandes en lugar de partículas elementales. ¿De verdad puede una gran molécula estar en la superposición de haber pasado por dos rendijas diferentes? Si esa posibilidad es real, deberemos poder medir la interferencia entre las historias posibles.

En 1927 se realizó el primer experimento que confirmaba el fenómeno de interferencia para electrones. Muchos años después, en 1999, se confirmó el primer comportamiento cuántico de grandes moléculas. Es un logro extraordinario. El experimento consiste en el envío de moléculas hechas con 60 átomos de carbono, C_{60}, contra una doble rendija. Al detectar las moléculas del otro lado de las rendijas, el estado cuántico se corresponde con la superposición de dos historias: las de haber pasado por cada una de las dos rendijas. La forma de detectarlo fue ver la figura de interferencia que aparece cuando ese fenómeno se da. Posteriormente, se repitió el experimento con moléculas diez veces mayores. El reto ahora es realizar el experimento de la doble rendija con un virus. Un virus es un estado previo a la vida, se reproduce, se relaciona. Un virus puede estar en una superposición cuántica salvaje.

Superposiciones atrevidas

Seamos más atrevidos. En mecánica cuántica, una partícula puede estar en una superposición de estar en un lugar o en otro diferente. El electrón podría estar en una superposición de estar en la Tierra o en la estrella más cercana al Sol, Alfa Centauri:

«Tierra» + «Alfa Centauri»

Sí, es posible tener estados cuánticos con superposiciones inusitadas. Tomemos un haz de partículas de luz —fotones— que pasa por un cristal que permite a cada fotón seguir o ser reflejado en otra dirección. De esta forma podemos lograr que un fotón tenga dos historias posibles. En una, el fotón se puede desviar, seguir un largo camino y luego volver a la fibra óptica de salida. En su otra historia, el fotón salió de forma directa. Al salir del aparato, el fotón se halla en una superposición de sus dos historias posibles. En una, salió de forma directa. En la otra, se desvió y llegó más tarde. A la salida, según la mecánica cuántica, el fotón se halla en una superposición de llegar «antes» y «después»:

«antes» + «después»

Hemos creado una superposición cuántica en el tiempo.

Puede parecer contraintuitivo el hecho de tener un objeto superpuesto en diferentes tiempos. Pero este principio, con fotones superpuestos en tiempos diferentes, es un elemento básico para enviar mensajes encriptados en uno de los protocolos prácticos de la criptografía cuántica.

La magia cuántica es, hoy en día, tecnología comercial.

El gato de Schrödinger

Una forma divertida y muy popular de presentar la superposición cuántica lleva el nombre de *paradoja del gato de Schrödinger*. La idea es un poco siniestra y fue propuesta por Erwin Schrödinger en 1935. Un gato es encerrado en una caja donde hay una botella con veneno —para ser precisos, Schrödinger escogió el ácido cianhídrico—. En la caja hay un átomo radioactivo. Si este átomo decae y emite radiación, esa misma radiación dispara un contador Geiger. Este, a su vez, dispara un mecanismo con un martillo que cae sobre la botella, la rompe, esparce el veneno y mata al gato. Si el átomo no decae, todo sigue igual y el gato deambula felizmente por la caja.

En mecánica cuántica tenemos dos estados posibles, dos historias. En una, la información de que el gato está vivo:

«gato vivo». En una segunda historia, la información que tenemos del gato es que está muerto: «gato muerto».

Si encerramos al gato en la caja y no observamos al gato, nuestra información del sistema es compatible con que el gato esté vivo y también con que esté muerto. El estado cuántico es:

«gato vivo» + «gato muerto»

Si empleásemos notación matemática, tendríamos un estado:

$$|\text{gato}\rangle = |\text{vivo}\rangle + |\text{muerto}\rangle$$

No hay contradicción alguna. El gato NO está vivo y muerto a la vez, como a veces se lee en textos divulgativos. El gato no es lo que representamos en mecánica cuántica. Lo que describimos es la información sobre el gato. Esta información es suma de las posibles alternativas.

En una carta que le escribió a Schrödinger en 1950, Einstein alabó la claridad de su experimento imaginario a la hora de poner a prueba nuestra comprensión de la mecánica cuántica.

Hoy en día hemos logrado construir estados que se hallan en superposiciones sorprendentes donde, o bien todos los átomos se hallan en un estado, o bien se hallan en otro. Estos estados son el equivalente del gato de Schrödinger. Las medidas que hacemos sobre estos estados confirman su correcta descripción cuántica, por muy extraña que nos parezca.

Decoherencia

¿Por qué no vemos los fenómenos cuánticos de interferencia en nuestra vida de cada día? La respuesta es que los seres humanos somos muy grandes. Somos el conjunto de millones de millones de millones de millones de moléculas (sí, lo he repetido cuatro veces). La superposición cuántica de estados tiene propiedades sorprendentes cuando la suma de las partes de la función de onda es muy afinada. Al tener muchas partículas, estas sutiles relaciones se alteran fácilmente. A este efecto lo llamamos *decoherencia.*

Podemos razonar en dirección contraria. Si deseamos observar fenómenos cuánticos, debemos preservar la coherencia cuántica. Nuestros instrumentos deben respetar al máximo las delicadas superposiciones entre todas las historias que forman la función de onda. De ahí que sea tan difícil realizar buenos experimentos.

El tiempo típico en el que una superposición cuántica es destruida por las partículas de su entorno es de una milésima de una millonésima de una millonésima de segundo. Tenemos dos opciones: o bien realizamos experimentos ultrabreves, o bien protegemos a nuestros objetos cuánticos de su entorno. Ese doble camino es el que actualmente seguimos para construir nuevos ordenadores cuánticos.

Ontología

Amigo filósofo, el postulado I da carta de identidad a la mecánica cuántica en el reino de la filosofía. En la eterna separación entre el conocimiento del mundo y su naturaleza última —la pugna entre epistemología y ontología—, la mecánica cuántica solo habla del conocimiento del mundo, no de su esencia.

Grandes filósofos han debatido largamente sobre este tema. También muchos científicos han expresado opiniones contrarias. Hay una corriente de investigación en mecánica cuántica que defiende la llamada función de onda óntica. Esta corriente dice que la función de onda existe *de facto*. No es una triquiñuela matemática que porte la información del sistema. Es real. Sin embargo, esta es una de las discusiones del ágora de la ciudad de Cuántica que no afecta a su comercio con el mundo de las predicciones. Si un médico nos trata un ojo con un láser, el resultado no depende de nuestras disquisiciones por tratar de incorporar la ontología dentro del marco de la mecánica cuántica.

La formulación comúnmente aceptada de la mecánica cuántica recibe el nombre de *interpretación de Copenhague* en honor a la incesante labor del físico danés Niels Bohr para lograr comprender las leyes del mundo microscópico. Según esta interpretación, la mecánica cuántica es una teoría sobre el conocimiento científico del mundo. Podrá no ser la mejor teoría, podrá ser superada, podrá ser una descripción parcial o incompleta de la naturaleza. Pero, a día de hoy, no hay ninguna evidencia que refute la mecánica cuántica. Todas sus predicciones son, de momento, acordes a los experimentos. La mecánica cuántica sí describe todos los fenómenos que observamos. A día de hoy, las ecuaciones cuánticas describen con precisión increíble el resultado de cualquier medida.

Sabemos predecir, pero no comprendemos los porqués más profundos.

Física *versus* matemáticas

¿Es sorprendente que el postulado I nos dicte cómo hemos de representar matemáticamente la información de la realidad? Hay dos respuestas posibles: *sí* y *no*.

Sí. Sí es sorprendente que postulemos la representación de la naturaleza a través de la información del sistema y no de la esencia del sistema. Lo dije anteriormente: la mecánica cuántica es una teoría humilde.

No. No es sorprendente que postulemos el aparato matemático que necesitamos para formular la teoría. Si no fuera así, jamás estableceríamos la conexión entre lo que observamos y nuestras ecuaciones que lo describen. Esta conexión es indemostrable y, en consecuencia, requiere un axioma. Ese axioma es el postulado I que introdujimos al inicio del capítulo.

¿Por qué el universo es comprensible?

No deja de intrigar a todo científico la perfección que logra el lenguaje matemático para describir la naturaleza. En palabras de Albert Einstein:

> Lo eternamente incomprensible es la comprensibilidad del mundo.

Otro notable científico, Eugene Wigner, escribió en 1960 un artículo con un título sugerente: *La irrazonable eficacia de las matemáticas en las ciencias naturales.* En ese texto dice:

> La enorme utilidad de las matemáticas en las ciencias naturales es algo que linda con lo misterioso, y no hay una explicación racional para ello.

El célebre Erwin Schrödinger se suma al asombro de que el hombre pueda descubrir las leyes que rigen el universo como

> ... un milagro que seguramente va más allá de la comprensión humana.

No sabemos por qué las matemáticas se adecúan perfectamente a la naturaleza. No entendemos por qué la función de onda es un vector (de un espacio de Hilbert) o por qué obedece a ecuaciones diferenciales. Pero toda esta parafernalia matemática nos sirve para comprender, o al menos experimentar la ilusión de comprender.

POSTULADO II

ℏ

SABER

El postulado II de la mecánica cuántica establece que solo podemos conocer ciertas propiedades de un sistema. El postulado especifica que las propiedades observables se corresponden matemáticamente con operadores que actúan sobre la función de onda.

La mecánica cuántica es una teoría imprevisible. ¿No podemos conocer todo lo que se nos antoje? ¿Estamos hablando de una especie de censura que impone la naturaleza sobre nosotros? No, estamos hablando de que la *realidad* es un concepto muy sutil.

En palabras de Niels Bohr:

> La palabra *realidad* es también una palabra, una palabra que hemos de aprender a utilizar correctamente.

Y, recuperando la profundidad de Werner Heisenberg:

> Hemos de recordar que lo que observamos no es la naturaleza en sí misma sino la naturaleza expuesta a nuestro método para preguntar.

Preguntas válidas y no válidas

El postulado II frena un prejuicio muy humano: queremos saber lo que pasa en lugares en los que no estamos.

No fui a una fiesta, pero quiero saber quién acudió a ella. Mis ojos no estaban presentes en la fiesta, pero creo que puedo saber o al menos adivinar lo qué allí pasó. ¿Tengo realmente la posibilidad de saber exactamente lo que pasó, si yo no lo vi? Imaginemos que la fiesta no tuvo lugar por algún imprevisto, pero un amigo me dice que sí que fue a aquella fiesta y que fue fabulosa. Mi amigo inventó toda una velada ficticia para mí, me engañó. Pero yo viví en la convicción de conocer todos los detalles de la fiesta que ni siquiera existió.

¿Qué es la realidad? ¿Qué puedo saber a ciencia cierta, sin duda, sin omisión, sin espacio para el error sobre la realidad?

El postulado II establece algo casi obvio. Solo podemos obtener información de lo que realmente medimos. No es lícito plantearse preguntas que no se corresponden con una observación. Si mi cerebro fuese fiel al principio cuántico, la respuesta que me daría a la pregunta de quién estaba en la fiesta me defraudaría: no fuiste, no tienes derecho a saber esa respuesta porque no has extraído esa información, no has cotejado la realidad.

Quisiera matizar un posible malentendido. Claro que es lícita la pregunta acerca de quién fue a una fiesta aunque yo no estuviese. Es una pregunta normal. Es una pregunta que abunda en nuestra necesidad de conocer, de saberlo todo. El punto genuinamente novedoso que introduce la mecánica cuántica es que las predicciones que debe hacer una teoría solo deben responder a las preguntas sobre observaciones reales, no imaginarias. Si yo no mido, no tiene sentido buscar una respuesta en la mecánica cuántica.

Tiene sentido hacer preguntas, pero no tiene sentido exigir respuestas siempre.

Trayectorias invisibles

Queremos que las cosas tengan una realidad objetiva aunque no las miremos.

Queremos imaginar que un electrón da vueltas alrededor de un núcleo atómico. Pero la mecánica cuántica nos dice que la intuición clásica de que los electrones dan vueltas en torno al núcleo no es una observación concreta. Si medimos en un momento dado el electrón, lo hallaremos en un lugar específico. Nada más. La mecánica cuántica cumple con su deber y nos dice que podemos medir dónde está el electrón. Pero la teoría cuántica nos dice que no es válido especular sobre lo que hacía o no hacía el electrón antes de nuestra medida.

A la pregunta de si el electrón da vueltas alrededor del núcleo atómico, la mecánica cuántica dice que esa no es una pregunta observable y, en consecuencia, no la responde.

¿Existe la Luna?

El postulado que limita lo que es lícito preguntar a una teoría del conocimiento de la naturaleza levantó ampollas entre muchos científicos. El científico Pascual Jordan narra un paseo con Einstein en el que discutían sobre la negación cuántica de una realidad objetiva. Einstein se detuvo en seco y espetó a Jordan:

—¿De verdad crees que la Luna solo existe si la miras?

Einstein no pudo ser más claro en su queja.

El prejuicio de la realidad objetiva

Nuestros prejuicios se ponen a prueba a fondo. ¿Existe una realidad cuando no la experimentamos? Si yo no miro, ¿hay algo? Si yo no miro la Luna, ¿la Luna sigue ahí? Parece imposible sustraerse al profundo sentimiento que dice que sí, que hay algo, que la Luna existe aunque no la mire.

Sin embargo, hemos realizado experimentos en los que esta afirmación lleva a un resultado erróneo. Sorprendente, ¿no es cierto? Tenemos un conjunto de experimentos repetidos profusamente en todos los laboratorios de la tierra que ponen a prueba la existencia de una realidad objetiva preexistente a nuestras medidas. Estos experimentos reciben el nombre de *desigualdades de Bell*. El experimento es tal que si una realidad objetiva y local existe, el resultado debe ser menor que una cantidad. Pero el experimento, repetido *ad nauseam*, dice lo contrario. No podemos aceptar la existencia de un elemento de realidad preexistente a nuestras medidas.

Bienvenidos al desconcierto.

La forma humilde de proceder no es discutir a muerte si existe una realidad objetiva o no. La idea es limitarse a comprender que una teoría científica solo debe predecir los experimentos que hacemos. Eso es lo que hace la mecánica cuántica: predice el resultado de un experimento. La mecánica cuántica no dice nada sobre qué forma de pensar en la realidad es la correcta. Se limita a hacer predicciones a preguntas concretas. Si la pregunta que hacemos no se corresponde con una observación, la mecánica cuántica se inhibe y no contesta.

La realidad según Orwell

En su libro *1984*, George Orwell expresó de forma magnífica una alegoría sobre lo que significa la realidad:

> La realidad existe en la mente humana, y en ningún otro lugar. No en la mente individual, que puede cometer errores y que en cualquier caso pronto perece: solo en la mente del Partido, que es colectiva e inmortal.

¿Es la realidad una entelequia de la mente? ¿Es la realidad una ilusión? ¿Es la realidad real? ¿Es decidible si la realidad es real?

George Orwell, por cierto, no era su nombre real. Orwell era el seudónimo de Eric Arthur Blair.

El mago cuántico

Un mago nos ofrece elegir una carta aleatoriamente. La miramos —es el 5 de picas— y la restituimos a la baraja. El mago invoca a sus musas, a sus artes y a toda la energía del universo, lanza la baraja a la basura y saca una naranja de su bolsillo. Nos da un cuchillo, abrimos la naranja y encontramos un papel doblado. El papel no es más que una carta en miniatura del 5 de picas. ¿Existía la carta del 5 de picas dentro de la naranja antes de que empezase el truco de magia? El mago, que estudió mecánica cuántica, dice que esa no es una pregunta que su teoría deba responder porque no corresponde a una observación que se hubiera hecho. En cierto sentido, preguntar si el 5 de picas existía dentro de la naranja no es una pregunta lícita para un mago, y tampoco lo es para un físico cuántico.

Einstein y el elemento local de realidad

En esta lucha sin cuartel por comprender de verdad nuestro mundo, Einstein nunca cedió. Un electrón debe tener, según Einstein, todas sus propiedades fijadas de antemano, antes de que las experimentemos. Estas propiedades deben estar en él, localizadas, sin ningún elemento extraño que las relacione con objetos situados a distancias inasequibles a cualquier tipo de comunicación. Einstein defendió de esta manera lo que llamó un *elemento de realismo local objetivo*.

Sin embargo, hoy en día disponemos de sistemas que violan totalmente la idea de Einstein. Por ejemplo, en Suiza se construyó un sistema que enviaba bajo el lago Leman fotones separados por distancias de decenas de kilómetros. Una vez los dos fotones estaban situados en cada uno de los laboratorios, se procedía a observar sus propiedades. Existían dos posibilidades: las propiedades de cada fotón eran preexistentes, de acuerdo con Einstein, o se fijaban en el instante de medir tal como dicta la mecánica cuántica. El resultado, de exhaustiva precisión, dio la razón a la mecánica cuántica.

Es una pena que el afinadísimo cerebro de Einstein no esté entre nosotros. Podríamos discutir a muerte sobre el significado de los experimentos cuánticos actuales. ¿Qué nos dicen? En sentido estricto, la mecánica cuántica no nos dice qué es la realidad. Se limita a decir que el prejuicio natural de creer que una realidad objetiva existe no es correcto.

POSTULADO III

ħ

MIRAR

El postulado III de la mecánica cuántica dicta que el resultado de una medida es aleatorio. Solo tenemos acceso al conocimiento mediante probabilidades. También dicta que tras realizar una medida, la función de onda colapsa al estado medido.

El postulado III es brutal: el azar existe.

De nuevo: el azar existe, es inherente al proceso de medir, es inevitable, limita nuestro conocimiento absoluto del mundo.

El hombre no tiene derecho a saber con certeza. No existe esa posibilidad.

La mirada incontrolable

El postulado III completa al II y al I. Cierra una forma coherente de describir cómo adquirimos conocimiento. El resumen es escueto:

—Postulado I: describimos la información del sistema con la función de onda.
—Postulado II: los observables de la naturaleza son operadores sobre la función de onda.
—Postulado III: al medir un operador sobre la fun-

ción de onda, hallamos un resultado probabilístico y cambiamos el estado del sistema.

Antes de la medida, la función de onda era superposición de historias. Al medir un observable, la función colapsa en una información concreta. Hemos adquirido conocimiento y hemos, involuntariamente, afectado de forma incontrolable al sistema que medimos.

No podemos obtener conocimiento de la realidad sin modificarla. Eso es lo que significa el colapso de la función de onda.

Principio de incertidumbre

¿Podemos intuir cómo mirar afecta a lo mirado con un ejemplo explícito?

Queremos saber dónde se halla y con qué velocidad se mueve un coche. Es fácil. Podemos enviar un haz de luz que se refleja en la carrocería. Cuando el haz rebotado llega a mi ojo, puedo saber de inmediato dónde está el coche. Repito la observación y el coche siempre sigue ahí, no se mueve. En consecuencia, puedo saber la posición y la velocidad del coche.

Sin embargo, no es posible realizar el mismo proceso con un electrón. Un electrón es tan pequeño, tan liviano, que cuando un haz de luz llega y rebota en él, el electrón sale despedido. Sí, puedo saber dónde estaba el electrón, pero su velocidad me es desconocida.

Esta es la esencia del *principio de incertidumbre* que formuló Werner Heisenberg en 1927. Es imposible conocer a la vez la posición y la velocidad de una partícula, porque en el proceso de medir una de ellas, alteramos la otra.

El conocimiento absoluto de las posiciones y velocidades de un sistema de partículas es imposible. Aunque esas partículas se movieran siguiendo las leyes de la física clásica, nos es imposible conocer su estado inicial. Las predicciones exactas son una pura entelequia.

El colapso del gato de Schrödinger

Podemos volver a pensar en la paradoja del gato de Schrödinger que ya describimos anteriormente. El nuevo postulado de medida nos dice que es en el instante de abrir la caja cuando la función de onda del gato colapsa en su estado vivo o en su estado muerto. La información queda fijada.

Nuestra mente clásica nos dice que el gato debería estar vivo o muerto antes de abrir la caja y mirar. Pero la mecánica cuántica dice que no lo hicimos y que, por lo tanto, no hay nada que decir sobre un experimento que no hemos realizado.

En los estados cuánticos análogos al gato de Schrödinger que hoy en día construimos, podemos incluso alterar el estado que llamamos «cat» (gato) antes de medirlo. O podemos realizar medidas de interferencia astutas que nos permiten medir la fase relativa entre la parte «viva» y la «muerta». Sabemos, pues, con certeza que la superposición cuántica existía en el instante de la medida.

La información sobre el gato colapsó al mirarlo. Se produce una actualización de la información que tenemos del gato.

Epifanía

Heisenberg dejó escrito en su libro *El nacimiento de la mecánica cuántica* el instante preciso en que su idea sobre la incertidumbre tomó cuerpo. Debido a un ataque de fiebre del heno, Heisenberg dejó la ciudad de Gotinga, donde trabajaba en 1925, y fue a la isla de Heligoland. Allí pudo respirar mejor, subir montañas, memorizar poemas de Goethe y trabajar. Según sus palabras:

> Eran las tres en punto de la madrugada cuando el resultado final del cálculo se apareció frente a mí. Al principio sentí una sacudida profunda. Estaba tan excitado que no podía ni pensar en dormir. Salí de la casa y esperé a que amaneciese en lo alto de una roca.

Heisenberg también fue un amante de la música. Tocaba el piano de forma notable. La sensibilidad artística y científica van de la mano.

Incertidumbre en la vida cotidiana

Niels Bohr fue célebre por su afán de llevar a la vida cotidiana las ideas que se fueron desarrollando durante la gestación de la mecánica cuántica. Un ejemplo notable fue la defensa de su *principio de complementariedad*, desarrollado en 1927, más allá de la mecánica cuántica. La idea científica nace en la aparente paradoja de que un electrón lo mismo podía comportarse como una partícula que como una onda. Esa dualidad onda-partícula proporcionaba, a los ojos de Bohr, ideas complementarias, no excluyentes. Dependiendo del experimento, el electrón muestra un comportamiento corpuscular u ondulatorio, pero no los dos a la vez. Hoy en día, las matemáticas de la función de onda nos permiten comprender perfectamente en qué ocasiones vemos a los electrones como partículas y cuándo como ondas. Son, en efecto, caracterizaciones complementarias.

Una cita de Bohr: «Verdad y claridad son complementarias».

Una segunda cita de Bohr:

> Dos tipos de verdades: verdades profundas que son reconocibles por el hecho de que su opuesto es también una verdad profunda, en contraste con trivialidades cuyos opuestos son obviamente absurdos.

De forma similar, es tentador considerar el principio de incertidumbre en nuestra vida cotidiana. ¿Podemos conocer todas las facetas de un hecho? Una madre enfadada con su hija blande el diario secreto de la hija que acaba de encontrar. ¿Puede la madre saber lo que piensa su hija sin afectarlo? No. Si lee el diario, la madre perderá la confianza y tal vez el respeto de su hija. Sabrá lo que pensaba, pero dejará de saberlo en el futuro. Si no lee el diario, es posible pero no necesario que su hija se sincere con ella en el futuro. Hay una limitación al conocimiento absoluto. Ejemplos como este no dejan de llegar a nuestro cerebro. Todo par de variables que influyan una en la otra no podrán medirse individualmente sin afectar una a la otra.

La incertidumbre es ley. Hemos de aprender a convivir con la duda.

El azar de un dado

Volvamos al profundo tema del azar. La mecánica cuántica solo predice probabilidades acerca del resultado de un experimento. Hemos de volver atrás y pensar con más detenimiento qué es el azar en el mundo clásico.

Lanzo dos dados. Salen dos 6. Gano unos cuantos dólares en Las Vegas. ¡Qué suerte! El azar me ha sonreído.

¿Es cierto que los dados escogieron el 6 de forma aleatoria? La verdad es que no. Si hubiésemos medido con precisión las formas de los dados, tuviésemos en cuenta la mesa en la que cayeron y las velocidades con que fueron lanzados, hubiera sido posible predecir el resultado de forma exacta. El esfuerzo de cálculo sería increíble, tal vez hubiera precisado utilizar todos los ordenadores de la tierra para predecir el resultado de un lanzamiento de dos dados. Pero el esfuerzo de cálculo es irrelevante: los dados no tenían opción. Sus movimientos siguieron leyes precisas, ajenas a todo azar.

El dado no tiene alma, no tiene mente, no decide. No existe el azar en el mundo del dado.

Complejidad y azar

El dado es un ejemplo de un mal entendido azar clásico. Confundimos el hecho de que algo sea difícil de predecir con el de que sea aleatorio. Si sumo cien mil números, el resultado es difícil de obtener, pero no aleatorio. La suma es la que es. Si integro las ecuaciones diferenciales que rigen el movimiento de un dado, el resultado final de cómo caerá es el que es. Está dictado.

Otro ejemplo. Es difícil predecir si lloverá un día preciso de aquí a un mes. Es muy, muy difícil. Las ecuaciones que controlan el clima son tremendamente intrincadas. Cada molécula de aire afecta a otras muchas, se asocia con las del mar y la tierra, se mueve rápidamente, es absorbida y reemitida a la atmósfera. Parece imposible tratar las ecuaciones que determinan el clima. Aun así, podemos predecir el tiempo a pocos días vista. Tomamos esas ecuaciones que rigen el movimiento de las moléculas y las resumimos en otras ecuaciones efectivas que describen a los fluidos. De repente, si no deseamos una descripción exhaustiva del clima, tenemos capacidad de predicción.

Podemos predecir porque no hay azar clásico.

En la física clásica, nada interfiere en las ecuaciones de los fluidos. No sabemos si dentro de un mes lloverá o no porque el cálculo necesario para responder a esta pregunta supera a la capacidad de nuestros ordenadores actuales. Pero el hecho de que llueva ya está determinado a día de hoy, y también cuando falleció Julio César o cuando nació el Sol. En el mundo clásico, toda la evolución está determinada y forma una secuencia dictada por las leyes de la física.

El azar de los sistemas complejos es un espejismo.

Azar, determinismo, libre albedrío

Si no existe azar, ¿estamos abocados a aceptar que el futuro de nuestro mundo está completamente determinado? Pisamos terrenos pantanosos.

No hay azar en el mundo clásico. Por lo tanto, hay *determinismo.* El hombre no tiene libertad de elección, no tiene libre albedrío. Todo fue fijado en el inicio de los tiempos, incluido el amor, la desesperación, el olvido. Todo.

Nadie está preparado para aceptar las consecuencias de la ausencia de libre albedrío. Ya estaba escrito que hoy, precisamente hoy, usted conocería a la mujer más maravillosa de la tierra. Estaba escrito en las leyes de la física. Cuando se produjo el *Big Bang* inicial, ya quedó fijado que hoy, mil cuatrocientos millones de años después, usted se enamoraría de esa mujer maravillosa.

Si está todo escrito en las ecuaciones de la física, ¿por qué he de comportarme bien o mal? ¿Qué sentido tiene la moral? Todo está ya decidido. Yo no soy responsable de ninguno de mis actos. La justicia no tiene sentido.

Si nos ceñimos a las leyes de la física clásica, la vida parece no tener sentido.

Azar indemostrable

¿Es demostrable que el azar no existe? Esta es una pregunta realmente sutil.

Quiero montar un negocio por internet. El negocio no es más que un casino virtual. La gente entra en la web de mi casino virtual y hace apuestas en una ruleta virtual. Está claro que mis clientes quieren que la ruleta sea honesta, no debe tener sesgo hacia los números negros o rojos, debe caer en las casillas de forma aleatoria. Si los jugadores descubren que la ruleta está trucada, se irán a otro casino después de denunciarme. Debo ser precavido y decido ir a unos grandes almacenes para comprarme una ruleta virtual con garantías de honestidad. Durante la venta me aseguran que el aparato de última generación que compro da números verdaderamente aleatorios. Feliz y contento con mi nueva ruleta virtual, me la llevo a casa.

De repente, tengo una duda. Al salir de los grandes almacenes he parado a tomar un café y veo como una persona juega desaforadamente en la máquina tragaperras. Estoy por decirle que se contenga, que esa máquina no es aleatoria y está programada para ganar dinero. Los números que dan la suerte solo aparecen esporádicamente. Dentro de la máquina tragaperras hay un generador de números que aparentan ser aleatorios, pero que no lo son. Los llamamos números seudoaleatorios.

¿Podría mi ruleta virtual ser una estafa y dar una secuencia seudoaleatoria? Si fuese así, la persona que conociese el algoritmo, parecido al de la máquina tragaperras, podría entrar en mi casino virtual y arruinarme. Un sudor frío inunda mi cuerpo. Quiero verificar si los números de mi ruleta virtual son realmente aleatorios.

¿Puedo demostrar que una secuencia de números que parecen aleatorios son realmente aleatorios?

Azar no certificable

No, el azar en el mundo clásico no es certificable.

¿Qué significa decir que el azar no es certificable? La idea es sencilla. Si hemos comprado una máquina que escupe números, podemos anotarlos y ver si siguen distribuciones aleatorias. Si los números no son realmente aleatorios, si tienen algún sesgo, podremos detectar rápidamente que las distribuciones de los números no son aleatorias. Imaginemos que la casilla del número 9 fuera defectuosa y la bola nunca cayese en ese 9. En ese caso podríamos jugar con una ligera ventaja. Si el sesgo de la ruleta es grande, el casino se arruinaría frente a jugadores profesionales que monitorizan la posible falta de aleatoriedad de la ruleta. Este tipo de verificación se hace sistemáticamente en las ruletas de los casinos para mantener el juego tan honesto como sea posible.

La estrategia para descubrir la aleatoriedad de una ruleta es clara. Basta seguir apuntando número tras número y ver que la serie no presenta ciclos o sesgos. Pero ¿cuánto tiempo hemos de seguir verificando que la ruleta es justa? Este es el quid de la cuestión. Podríamos anotar un millón de números y creer que la serie es aleatoria y descubrir, de repente, que los números siguientes replican exactamente a los iniciales. La serie era periódica, con un período de un millón. Si hubiésemos verificado un poco más, habríamos descubierto el algoritmo oculto. Pero no sabemos cuándo parar de verificar.

Azar indecidible

Este ejemplo nos muestra un hecho profundo: el azar clásico no es decidible. No existe una forma sistemática que, en un tiempo finito, nos diga si una máquina crea números auténticamente aleatorios. Por eso decimos que el azar no es decidible.

El responsable del teorema que así lo demuestra es Gregory Chaitin. Las ideas profundas de computabilidad e indecidibilidad fueron introducidas por una serie de científicos durante la primera mitad del siglo XX. Entre ellos se encontraban Alan Turing y, más tarde, Kurt Gödel.

Si no es posible decidir si una máquina proporciona números aleatorios, tampoco podremos certificar que así lo hace. Si compran la ruleta en unos grandes almacenes, no crean las etiquetas que certifiquen su aleatoriedad.

Azar cuántico

En contraposición al azar del mundo clásico, tenemos el azar que aporta la mecánica cuántica. El azar en las leyes de la física clásica no existe, y si existiese, no sería certificable. En cambio, el azar cuántico es postulado. Asumimos como una verdad indemostrable que el azar es inherente al mundo, y se experimenta cuando hacemos una observación. Este cambio de rumbo es tan inesperado que no sabemos cómo reaccionar. Einstein se opuso con toda la fuerza de su intelecto al azar cuántico en su célebre frase:

Dios no juega a los dados con el universo.

Lo cierto es que nada contradice que nuestro acceso al conocimiento sea probabilístico. Dicho de una forma más contundente: nadie ha logrado crear una teoría determinista capaz de sustituir a la mecánica cuántica. Si fuera así, podríamos por ejemplo predecir cuándo un núcleo inestable se va a desintegrar. No disponemos de una teoría así. A día de hoy, el mundo de las leyes clásicas es determinista y no da lugar al azar. En cambio, el mundo cuántico es indeterminista y contiene al azar de forma intrínseca.

Recientemente se ha propuesto una forma de lograr verificar el azar de una máquina si esta es cuántica.

El azar cuántico sí es certificable.

¿Quién es el observador?

Un nuevo giro filosófico: el postulado III nos dice que el resultado de la medida es aleatorio. Pero la pregunta es inmediata: ¿quién ha hecho la medida? ¿Quién es el observador? ¿Somos nosotros, los humanos? ¿Es otro sistema cuántico? Si observamos a todo el universo, ¿quién es el observador de todo el universo? Esto es delicado. ¿Hablamos de la necesidad de un ente externo o de la incompletitud de la mecánica cuántica?

El debate filosófico que se abre ante nosotros es aquí abismal. No son pocos los que han intentado asociar la necesidad de un observador externo a la existencia de un dios. No soy partidario de esta línea de pensamiento. Creo más bien que la mecánica cuántica debe incorporar la acción de medir como un proceso más. Queda entonces en el aire el significado de la proyección de onda y de aleatoriedad. Si solo hay evolución, no hay elementos aleatorios. Pero por otra parte, cómo se extrae información. Es un tema para un largo y detallado debate.

A pesar del enorme esfuerzo que muchos científicos han realizado, no existe un consenso en cómo interpretar los postulados de forma correcta al tratar de incluir al observador como parte del sistema físico. Las ideas aquí se mezclan, se pelean entre sí, se nutren de darwinismo o de principios de simetría extraños. Esta parte del ágora cuántica está muy desarbolada.

POSTULADO IV

ħ

CAMBIO

El postulado IV de la mecánica cuántica dice que, entre dos medidas, la función de onda cambia de una forma dictada por una ecuación, la llamada ecuación de Schrödinger. Este postulado nos dice cómo pasa el tiempo en el mundo cuántico. Su consecuencia importante, la más directa y precisa, es que en el mundo cuántico la información evoluciona de forma determinista y preservando la estructura de probabilidades que subyace en ella. La evolución de la información no tiene azar.

El azar se da en el acto de medir, no en la evolución.

Tiempo es cambio

Aristóteles fijó la idea básica: sin cambio, no experimentamos el tiempo. Si alguien nos muestra dos fotos que son exactas, creemos que son copias, que no pasó tiempo entre ellas. En cambio, si las dos fotos son ligeramente diferentes —si en una la mano de una persona está en el bolsillo y en la otra, no—, creemos que el tiempo ha discurrido entre ambas fotos.

Podemos ir más allá. El tiempo es distinguibilidad. Si dos estados son distinguibles, algo ha cambiado en el tiempo. El tiempo posibilita la distinguibilidad y viceversa, la distinguibilidad posibilita el concepto de tiempo.

Es un punto sutil. Dos fotos de un billar son absolutamente idénticas a mis ojos, pero luego alguien me dice que las dos bolas blancas sin punto han sido exactamente intercambiadas. A mis ojos, las bolas son indistinguibles, sus posiciones también. Para mí no hay posibilidad de distinguir los dos estados. No hay cambio, no sé si ha pasado el tiempo.

Evolución exacta

El mundo cuántico parecía totalmente asociado al azar. De repente el postulado IV nos dice que la evolución de la función de onda entre medidas es exacta. Es decir, que toda la aleatoriedad se restringe a la acción de medir, tal como dicta el anterior postulado III.

Una nueva pregunta: si no medimos, ¿todo evoluciona de forma determinista? Sí. La mecánica cuántica es precisa: entre medidas, la información del sistema evoluciona siguiendo una ecuación diferencial. Por lo tanto, si sabemos la función de onda en un instante dado, también la conoceremos en un instante posterior de forma exacta.

La evolución de la información no tiene azar.

Evolución y probabilidad

La evolución cuántica también obedece a una propiedad muy notable: respeta la consistencia de la interpretación probabilística de la mecánica cuántica.

Podría darse la siguiente paradoja. Preparamos un estado cuántico. Si lo medimos, la función de onda contiene la información del sistema y nos permite predecir las probabilidades con las que aparecerá cada resultado. La descripción cuántica de todo experimento es correcta y completa. Pero de repente el sistema cambia, evoluciona, interactúa. ¿Cómo podemos garantizar que la función de onda seguirá dando una descripción de las probabilidades en tiempos posteriores? Ahí aparece el postulado: la evolución viene dada por un operador *unitario.* Estos son los operadores que no cambian el hecho de que la suma de probabilidades descritas por la función de onda sea igual a uno.

Evolución en paralelo

La evolución cuántica guarda todavía una sorpresa de tamaño colosal. Si tomamos la información de un sistema en superposición de dos opciones, ¿cómo evolucionan estas dos opciones?

La mecánica cuántica es tajante: ambas opciones evolucionan a la vez.

Tomemos un estado cuántico que describe la información sobre un animal, pero nuestra información es compatible con que se trate de un perro o de un gato. Ya no nos debería sorprender que en mecánica cuántica obtengamos la superposición

«perro» + «gato»

Hasta aquí no hay nada nuevo. Pero ahora el animal evoluciona, cambia. De hecho, el animal se duerme. En mecánica cuántica, la evolución opera en paralelo. Por lo tanto, tendremos un nuevo estado

«perro dormido» + «gato dormido»

Esta es la idea que se encuentra en el corazón de un ordenador cuántico de potencia extrema. Un ordenador cuántico podrá computar en paralelo. Volveremos sobre este punto cuando hablemos de la segunda revolución cuántica.

2

La primera revolución cuántica

Los habitantes de Cuántica han aprendido a aprovechar las leyes que han descubierto. El paso de comprender una ley a utilizarla en beneficio propio es natural. Así lo hicieron sus antepasados. Ellos aprendieron que los objetos caen y con ello aprendieron a canalizar el agua, a regar sus campos, a construir molinos. Entendieron el viento y construyeron velas para navegar, lo aprovecharon para separar la paja del trigo, lo emplearon para secar. Cada descubrimiento, por sencillo que fuese, dio lugar a una utilización práctica.

Las leyes de Cuántica son extrañas. De esta afirmación se siguen dos consecuencias notables que afectan a la ciudad. La primera: no es obvio cómo aprovechar una ley cuántica. La segunda: el resultado de aprovechar una ley cuántica es siempre sorprendente. En Cuántica impera el estudio sesudo que ejercitan sus jóvenes. Ellos inventan las aplicaciones más insospechadas.

Los cambios en la ciudad de Cuántica no han cesado en el último siglo. Cada generación se siente obsoleta en vida. Si un hombre aprende a utilizar un principio cuántico, sus hijos logran algo aún más sorprendente. El ritmo del progreso —dicen algunos— es excesivo. Se hace difícil combinar el tempo de los humanos con el de los avances cuánticos.

Sí, el progreso es tal vez excesivamente rápido, pero inevitable. El afán de saber y de demostrar ese saber no deja resquicios para la paz de espíritu. El hombre está descubriendo que no lo sabía todo, que queda muchísimo por comprender. Es una vorágine que empezó para no terminar.

1

UN SIGLO CUÁNTICO

Infancia cuántica

Las sorpresas tecnológicas cuánticas que invaden nuestras vidas no han hecho más que empezar porque la mecánica cuántica se halla todavía en su infancia. Los padres de la teoría cuántica lograron una formulación completa en el año 1926. Fue John von Neumann quien completó en 1932 la formulación axiomática de la mecánica cuántica que hemos presentado.

¡La mecánica cuántica apenas tiene un siglo de vida!

El siglo XX ha presenciado un cambio drástico de la estructura de nuestra sociedad. Tomemos un ejemplo. La edad media de los humanos ha aumentado notablemente durante el siglo XX. Vivimos 35 años más en promedio que nuestros antepasados del siglo XIX. Vivimos dos vidas. Las razones de este salto tan abismal en la esperanza de vida son múltiples, pero no es difícil encontrar un origen científico en muchos de los desarrollos que han concurrido para propiciar este cambio fenomenal.

El mismo razonamiento nos lleva a deducir que el poderoso avance científico del siglo XXI creará una sociedad saturada de personas mayores. Cuando superemos ciertas enfermedades como el alzhéimer o el párkinson, será inevitable conocer a muchas personas centenarias. La vejez extrema será la norma, no la excepción.

No logro imaginar cómo será la vida humana dentro de milenios. ¿Cómo seremos de aquí a mil años, a diez mil años, a un millón de años? Nuestro control de la naturaleza será infinitamente superior a lo que podemos vislumbrar con pequeñas extrapolaciones de nuestra tecnología actual. ¿Cómo será nuestra vida? Dispondremos de un poder de cálculo tan brutal que no es ilógico pensar en máquinas indiscernibles de mentes humanas. ¿Indiscernibles o superiores? En un futuro no muy lejano podremos programar a un interlocutor artificial de forma que *no* parezca demasiado inteligente, de la misma forma que escogemos un nivel bajo en una máquina para jugar al ajedrez contra ella. Programaremos inteligencias artificiales para que nos acompañen, nos contradigan y nos adulen en la justa medida. También emplearemos nanorobots para realizar todo tipo de tareas, incluidas las reparaciones de tejidos vivos. Seamos más atrevidos y aceptemos que los humanos no tendremos soporte físico. ¿Para qué querremos tener un cuerpo? Basta con que el todopoderoso cerebro tenga la sensación asociada a los placeres sensoriales. O ni siquiera nos importarán los placeres. El célebre físico danés Niels Bohr ya dijo que predecir es muy difícil, en particular el futuro.

En ese futuro inimaginable —pero cercano—, el secreto personal será el rey. Toda nuestra vida se alojará en ordenadores desconocidos. Todas nuestras comunicaciones nos definirán y querremos que sean secretas. No solo desearemos que no nos roben dinero de nuestra cuenta bancaria. También exigiremos secreto de conversación, de imagen, de relación. En ese mundo futuro es más que posible que el secreto se articule gracias a las leyes de la mecánica cuántica.

La mecánica cuántica está dando, sin duda, sus primeros pasos. La infancia es la época más inocente y bella de un humano y, ¿por qué no?, de la mecánica cuántica. Es hora de recordar como creció la mecánica cuántica.

El día en que nació la mecánica cuántica

La primera ecuación genuinamente cuántica fue escrita el 7 de octubre de 1900 por el físico alemán Max Planck. La historia precisa del descubrimiento es conocida. Aquel día, un colega de Planck llamado Heinrich Rubens le hizo una visita a su casa para mostrarle los últimos resultados en las medidas que había realizado sobre la radiación que emite un cuerpo negro. Durante aquella misma tarde, Planck dio con la fórmula correcta para describir los nuevos datos experimentales y escribió una postal que envió a Rubens. El 14 de diciembre de 1900, Planck se sintió lo suficientemente seguro como para mostrar su hallazgo a la comunidad científica.

Más adelante, en 1911, Planck demostró que su ecuación se podía justificar si se aceptaba que cierta cantidad física no podía tomar cualquier valor, sino solo múltiplos de una cantidad fundamental. Planck rompió con la tradición aristotélica que dictaba *Natura no facit saltum.* La incipiente mecánica cuántica lo negaba: la naturaleza adopta valores discretos para ciertas observaciones. La física no es continua, sino que se basa en cuantos. La física es cuántica. El mundo es cuántico.

Hoy en día sabemos que los fenómenos cuánticos están ligados a una constante básica que llamamos *constante de Planck* y describimos con la letra hache emblemáticamente atravesada con una barra, $\hbar$. Esta constante mide una magnitud que llamamos *acción* y que tiene unidades de energía por tiempo. En las ecuaciones cuánticas, las acciones se miden en unidades de la constante de Planck. El valor de esta constante es muy pequeño, tanto que los hombres no habían vislumbrado su existencia, porque somos seres grandes. Los procesos físicos que nos rodean en nuestro día a día involucran acciones enormemente grandes. Hasta la llegada de los experimentos microscópicos había sido imposible entender que la naturaleza utiliza múltiplos discretos, no continuos, de la constante de Planck. Es necesario adentrarse en el mundo de lo más pequeño, el átomo y las partículas subatómicas, para percatarse de que la naturaleza no sigue las leyes clásicas.

Max Karl Ernst Ludwig Planck

La figura de Max Planck merece un pequeño aparte. Max Karl Ernst Ludwig Planck (Kiel, 1858 – Gotinga, 1947) nació en una familia educada; su padre era profesor de Derecho Constitucional y su abuelo y su bisabuelo lo eran de Teología. Planck fue un científico un tanto conservador, profesor de Física Teórica en la Universidad de Berlín desde 1889. Tenía el don del oído absoluto. Era un amante de la música como forma de belleza absoluta, hasta el punto de ser un excelente pianista.

Como tantos otros de sus coetáneos, la vida de Planck se cruzó con la insensatez de las guerras. Su hijo primogénito falleció en el frente durante la primera guerra mundial, vio su casa reducida a cenizas en un ataque aéreo en la segunda guerra mundial, perdió a dos hijas y a su primera esposa en 1909, por enfermedades. No menor dolor le causó el hecho de que su hijo menor fuese ejecutado por la Gestapo, en 1944, por su presunta participación en un complot contra Hitler.

Humanamente, Planck fue un hombre estoico, de profunda e indomable espiritualidad. Sintió que su obligación durante el período nazi era permanecer en Alemania, donde se opuso abiertamente a algunas políticas de su gobierno, particularmente en la cuestión judía. Su sentido de la justicia y su sabiduría lo convirtieron en una referencia indiscutible entre sus colegas, un símbolo del científico íntegro. A medida que su edad avanzaba, Planck fue apartándose de la física y decantó su trabajo hacia la filosofía. Poco a poco, el paso del tiempo y los acontecimientos de su época le hicieron perder toda ilusión por vivir. Max Planck recibió el Premio Nobel de Física en 1918 «en reconocimiento a los servicios que ha prestado al progreso de la Física por su descubrimiento de la energía de los cuantos».

Parece una gran paradoja que Planck, el creador del *cuanto de acción*, $\hbar$, no aceptara nunca que la mecánica cuántica fuera la teoría final que describe nuestro universo. Su propia creación le superó. Pero debemos ser respetuosos y entender la gran confusión que inundó a la comunidad científica a partir de los trabajos de Planck y la propia actitud de este, tan reacia a aceptar el profundo cambio epistemológico que sus trabajos iniciaron.

Unas palabras de Planck:

> El mundo exterior es algo independiente del hombre, algo absoluto, y la búsqueda de las leyes que describen este absoluto me parece el más sublime objetivo científico en la vida.

La revolución empieza

Los años que van de 1900 a 1926 son tormentosos en muchos sentidos. La política contempla la atroz primera guerra mundial. Sin embargo, el inicio de siglo es también una vorágine artística y científica. Acompañando a los impresionistas, a Stravinski, a Stanislavski, a Freud, tenemos la propuesta de Niels Bohr de un modelo del átomo, los avances dubitativos en el mundo cuántico de Arnold Sommerfeld y la eclosión de comprensión del mundo cuántico que aportaron Erwin Schrödinger y Werner Heisenberg. Tampoco debemos olvidar las ingentes contribuciones de Albert Einstein con su teoría de la relatividad especial, su teoría de la relatividad general y su teoría del efecto fotoeléctrico. Parece increíble que tantos elementos disruptivos concurriesen en tan poco tiempo.

El hecho que marcó ese primer cuarto del siglo XX fue que los principios y ecuaciones que rigen la mecánica cuántica quedaron escritos. A partir de aquel momento se inició una búsqueda por comprender los nuevos experimentos que exploraban elementos todavía más pequeños que el átomo, es decir el núcleo y las partículas elementales que lo constituyen. El refinamiento de la mecánica cuántica se hizo fascinante. Aparecieron ramas como el estado sólido, la física nuclear, la óptica cuántica. El saber avanzó inexorablemente hacia lo más pequeño.

La mecánica cuántica también se adentró en el mundo de lo complejo. Cuando muchos sistemas cuánticos interactúan entre sí pueden aparecer fenómenos inesperados. Creamos la mecánica estadística cuántica. Dimos, por fin, una explicación al magnetismo de un imán. Comprendimos la superconductividad que muestran ciertos materiales a muy bajas temperaturas. Descubrimos el efecto Hall cuántico. A día de hoy, hemos creado gases cuánticos ultrafríos, a temperaturas de nanokelvin. Pero la segunda mitad del siglo XX también fue testigo de las primeras aplicaciones útiles de la mecánica cuántica. Aparecieron el máser, el láser, los transistores, los relojes atómicos, las resonancias magnéticas y toda una plétora de aplicaciones que nadie había visto venir.

El siglo XX ha sido un siglo cuántico, sin duda. Es imposible repasar todos los logros que hoy en día nos acompañan gracias a la mecánica cuántica. Nos bastará recordar unos pocos.

2

LÁSER

El láser es un haz coherente de partículas de luz, es mecánica cuántica en estado puro.

La luz ordinaria está compuesta por partículas de luz que llamamos fotones, que se propagan de forma individual, sin relación entre sí. Además, la luz ordinaria está formada por fotones de diferentes energías. Los fotones de diferentes energías corresponden a fotones de diferentes colores. La energía y la frecuencia están relacionadas. A mayor energía de un fotón, mayor es su frecuencia y menor su longitud de onda. La luz ordinaria está formada por un batiburrillo de fotones independientes de todos los colores. El láser, en cambio, está formado por fotones en un estado cuántico coherente.

Coherencia cuántica de la luz

La idea que hace que el láser sea algo tan excepcional se basa en aprovechar la superposición cuántica.

Una premisa necesaria para construir un haz de luz láser consiste en tener fotones con un mismo color, una misma longitud de onda. Por lo tanto, todos los fotones tienen la misma energía, la misma frecuencia. Aun así, la luz ordinaria de un solo color, por ejemplo el rojo, no tiene las propiedades de un láser. Hace falta añadir algo más, hay que lograr coherencia cuántica.

La ley cuántica que llamamos postulado I dictaba que un fotón viene descrito por una función de onda. Otro fotón podría ser descrito por otra función de onda. Pero ¿qué sucedería si dos fotones se hallan descritos por una misma función de onda de forma correlacionada? Podemos incluso ir más lejos. ¿Es posible tener un número indefinido de fotones en la misma función de onda y, por lo tanto, correlacionados? Si lo logramos, tendremos un estado coherente de luz.

El primer paso para lograr la coherencia de la luz fue propuesto en 1951 por Charles H. Townes y construido poco después. En 1960 se construyó el primer láser (iniciales en inglés de *light amplification by stimulated emission of radiation*, amplificación de luz por emisión estimulada de radiación). La comprensión profunda de la diferencia entre la luz ordinaria y la luz láser vino de la mano de Roy J. Glauber en 1963. Él mostró que un estado cuántico coherente tiene una superposición de 0 fotones, 1 fotón, 2 fotones, cualquier número de fotones. ¿Realmente es posible algo así? Sí, en el mundo cuántico es posible que la información del sistema de fotones esté descrita por una superposición de varios números de fotones, en fase y de la misma energía. El láser es posible.

El láser representa la esencia misma del principio de superposición. Está descrito por un estado cuántico en el que se superponen un número diferente de fotones. Su descripción emplea a fondo el hecho de que esas superposiciones vienen en un equilibrio detallado, coherente.

El mundo cuántico brilla en todo su esplendor.

¿Para qué sirve un láser?

Un láser tiene propiedades notables. Una de ellas es que puede depositar mucha energía en un lugar preciso. A primera vista no parece una idea impresionante. ¿Para qué nos sirve depositar mucha energía en un lugar preciso?

Una primera aplicación: un láser es un bisturí. Claro, un láser deposita mucha energía en un lugar preciso, es decir puede quemar la materia que se halle en puntos increíblemente pequeños. Podemos analizar la curvatura de un ojo humano que presente miopía y utilizar un láser para quemar delicada y selectivamente la córnea del ojo, de forma que corregimos la curvatura. Un ojo miope puede ser cincelado con la ayuda de un láser para que sea un ojo que enfoque correctamente.

Si disponemos de un láser muy potente, podemos cortar metales. Si solo tenemos un láser intermedio, podemos modelar el silicio y crear circuitos integrados. Gracias al láser apuntamos y quemamos.

Por favor, no intente mirar de cara a un láser, se dañará la retina. Tampoco intente construir láseres de rayos X para aniquilar naves enemigas. La triste iniciativa norteamericana Star Wars del presidente Ronald Reagan terminó en fracaso. No es sencillo concentrar tanta energía en un punto alejado del espacio. Tampoco pretenda construir espadas láser en las que la luz se para de repente en el aire y al blandirla hace el ruido de una manguera que arroja agua alocadamente. No debemos confundir la ciencia ficción con la ciencia.

3

GPS

El GPS (del inglés *global positioning system*) es un sistema de geoposicionamiento sobre la Tierra. Nos permite saber con una precisión aproximada de un metro dónde nos encontramos. Gracias al GPS podemos hallar caminos complicados cuando vamos en coche, podemos controlar el sistema de autobuses de una ciudad o podemos localizar un coche robado. Parece increíble pensar que hasta hace poco vivíamos sin GPS. Sin embargo, es poco conocido el papel que desempeña la mecánica cuántica en este desarrollo que tan rápidamente se ha instalado en nuestras vidas y en la economía de una sociedad moderna.

La realidad es que el GPS combina varias maravillas científicas: relojes atómicos cuánticos, satélites, la teoría de la relatividad especial y la teoría de la relatividad general.

Imagino la escena de un empresario preguntándole a Einstein para qué serviría su teoría de la relatividad. Seguramente Einstein hubiera respondido humildemente que la relatividad no tenía utilidades empresariales. Para él, la relatividad era una teoría que lograba describir fenómenos apreciables en objetos que viajan muy rápidamente, cercanos a la velocidad de la luz. Nada más alejado de la realidad. Einstein no podía adivinar que un día cualquier teléfono tendría un GPS incorporado en sus entrañas. Sí, nuestros teléfonos reciben señales electromagnéticas que proceden de satélites que portan relojes atómicos. Para sincronizar correctamente nuestros relojes sobre la superficie de la Tierra y los relojes de los satélites necesitamos tener en cuenta efectos relativistas de dilatación en el tiempo, tal como los predijo Einstein.

Einstein ha hecho ricos a muchos empresarios.

Reloj atómico

Con un átomo podemos hacer un reloj muy preciso. La idea es elegante. Un reloj necesita de algo que tenga un período. Este período puede corresponder a la oscilación de un péndulo, a la rotación de una rueda, o incluso a la rotación de la Tierra. Si el período es preciso y breve, tendremos un buen reloj.

Para poder medir el tiempo de forma muy precisa necesitamos un sistema físico que presente una periodicidad fija. Para que mida tiempos muy precisos es necesario que la frecuencia sea muy alta y muy estable. Tener un sistema físico con una frecuencia alta, precisa y estable es lo mismo que tener un magnífico reloj. La mecánica cuántica nos dice que podemos lograr buenos relojes empleando un átomo y la luz que absorbe y emite.

La luz ordinaria está hecha de multitud de fotones, cada uno con una frecuencia diferente. Si pudiéramos fijar una única frecuencia tendríamos el elemento básico de un reloj. Una frecuencia cuenta ciclos por segundo, lo que equivale a períodos por segundo. Así, una frecuencia de 100 hercios significa que tenemos 100 ciclos por segundo. Cada ciclo ocupa una centésima de segundo. Por lo tanto, dada una frecuencia fija, si contamos ciclos, estamos también contando segundos.

¿Quién puede escoger fotones de una determinada frecuencia de forma precisa?

Un átomo.

Si tomamos un átomo de cesio y escogemos aquellos fotones que son absorbidos por una de sus transiciones (la llamada transición hiperfina), obtenemos el corazón de un reloj. Esos fotones corresponden a ondas electromagnéticas que oscilan con una frecuencia fija muy alta, de unos 9.000 millones de ciclos por segundo. Podemos emplear un átomo de cesio y enviarle fotones de una frecuencia dada para ver si son absorbidos. Cuando un fotón es absorbido y luego reemitido a través de la transición hiperfina del átomo de cesio, sabemos con certeza que la frecuencia del fotón es 9.192.631.770 hercios, con mucha precisión. Si establecemos un proceso de control, de *feedback*, poco a poco fijamos la frecuencia de los fotones que irradian al átomo. Una vez el proceso queda estabilizado, ya disponemos de una frecuencia fija, de un reloj.

De esta forma hemos construido relojes atómicos basados en el átomo de cesio y en otros átomos como el del rubidio. Son estos relojes atómicos los que ponemos en órbita alrededor de la Tierra para que nos den la señal necesaria que permite construir el sistema de navegación GPS. Cuando me dejo guiar en mi coche por el GPS, estoy recibiendo fotones emitidos en ciclos precisos dictados por relojes atómicos desde al menos cuatro satélites que orbitan alrededor de la Tierra. ¿No es fascinante?

¿Por qué necesitamos un reloj atómico para crear el GPS? ¿Bastaría con un reloj menos aparatoso? Con esta pregunta abordamos por primera vez la relevancia de la precisión en la medida del tiempo. Un fotón avanza unos 30 centímetros cada nanosegundo. Para posicionar un objeto en la Tierra a partir de la interferencia entre señales que procedan de satélites necesitamos relojes con una precisión de una parte en un millón de millones. Sí, necesitamos una precisión de un 1 en 1.000.000.000.000. Es decir, necesitamos relojes atómicos como los basados en el cesio, que tienen una precisión de una parte en un billón. Cualquier otro reloj hecho con objetos grandes es incapaz de lograr esa increíble precisión.

Correcciones relativistas

Al colocar relojes atómicos en órbita nos enfrentamos a un problema inesperado: ¡el paso del tiempo depende del estado de movimiento del observador! Hemos topado con el corazón de la teoría de la relatividad.

Seamos más cuidadosos. Aparecen dos modificaciones en la forma en que el tiempo es contado por un reloj en órbita visto desde la Tierra. Por una parte, el reloj en órbita se halla en movimiento relativo respecto a la superficie terrestre. Imaginemos un reloj hecho con dos placas donde una pelota que siempre viaja a la velocidad de la luz va rebotando entre ellas. Cada vez que la pelota rebota en una placa, se produce un clic del reloj. Si esas placas se hallan frente a mí y la pelota rebota arriba y abajo entre las placas, tengo un ritmo fijo. Mi reloj funciona. Si ese reloj se desplaza a velocidad constante hacia un lado, veo que la pelota va moviéndose en diagonal y tarda más tiempo entre cada rebote. El reloj marca un tictac más lento. El tiempo que leo es diferente si utilizo un reloj en reposo u otro en movimiento. Este efecto viene descrito correctamente por la teoría de la relatividad especial de Albert Einstein.

Los relojes atómicos en órbita tendrían un desfase de unos 7 microsegundos al día con respecto a los de la Tierra. Serían más lentos. Gracias a comprender la teoría de la relatividad especial, sabemos corregir este efecto.

Existe un segundo efecto a tener en cuenta. Un reloj en órbita está en caída libre. No cae directamente sobre nosotros porque tiene una velocidad tangente a la superficie terrestre. El satélite querría salir despedido en línea recta, pero la atracción gravitatoria se lo impide. Por eso la trayectoria del satélite va virando constantemente, describiendo una órbita. Ese cambio de dirección es una aceleración generada por la atracción gravitatoria. El hecho relevante es que un reloj en órbita está acelerado. Einstein descubrió en su teoría de la relatividad general que los relojes en sistemas acelerados también marcan un tiempo diferente al de los que están en reposo. En el caso del sistema GPS, el desfase debido a la aceleración es de unos 45 microsegundos al día. Serían más rápidos.

Nuestro GPS debe tener todos estos efectos en cuenta, con una precisión impresionante. De lo contrario sería inútil. El efecto combinado de las correcciones relativistas es de 38 (45 – 7 = 38) microsegundos al día. Si no tuviese en cuenta los efectos de la relatividad, al darnos nuestra posición el GPS acumularía un error de varios kilómetros al día.

Gracias, Einstein.

El tiempo de la Tierra

Toda la Tierra tiene un tiempo unificado. Llamamos a ese tiempo UTC (*Universal Time Coordinated*, tiempo universal coordinado). El tiempo UTC se basa en relojes atómicos.

Cuando usted dice que su reloj de pulsera adelanta o atrasa, cuando consulta la hora en internet, cuando cambia de hora en primavera u otoño, siempre está recurriendo a un proveedor de la hora oficial de la Tierra. Ese proveedor forma parte de una red de relojes atómicos que se sincronizan a partir de un reloj principal. Este reloj maestro recibe el nombre de *stratum 0*, los demás van formando los *stratum 1*, *2* y *3*. A partir de ahí, la hora se distribuye por internet y por señales de telefonía.

El tictac de la Tierra es atómico.

Es un tictac cuántico.

4

COMPUTADORAS

La mecánica cuántica también se halla en el corazón de nuestros ordenadores. A pesar de toda la sutileza de los principios cuánticos, a pesar del azar intrínseco de sus medidas, podemos crear sistemas cuánticos que computan operaciones aritméticas para nosotros.

La humanidad siempre ha necesitado calcular. ¿Cómo dividir un reparto de beneficios de 681 sestercios entre 7 amigos romanos? ¿Qué secciones deben tener cuatro columnas para que soporten una cúpula gótica? Mejor todavía. ¿Podemos automatizar millones de sumas y evitar los errores que cometería un contable en una empresa? ¿Sabemos gestionar los niveles de los embalses para ajustar de forma óptima el uso del agua? ¿Y por qué no algo más atrevido? ¿Sabemos predecir la forma que tendrá una molécula y si podrá frenar una infección vírica a partir de las leyes de atracción y repulsión entre sus átomos? ¿Podemos entrenar redes neuronales artificiales para reconocer patrones gráficos, reconocer caras o simular voces humanas?

Todas estas preguntas tienen un mismo trasfondo: es necesario calcular. Necesitamos capacidad de cómputo para un número increíble de tareas que afectan a nuestras vidas. El control de producción, la gestión de recursos, las telecomunicaciones, toda nuestra economía utiliza ordenadores que no cesan de calcular.

Somos una sociedad anumérica formada por individuos que en su mayoría desconocen las matemáticas. Pero esta misma sociedad vive asentada sobre ordenadores que no dejan de computar.

Si es válida la imagen de civilizaciones decadentes conquistadas por otras activas y guerreras, es válido pensar que los humanos tienen la batalla perdida frente a los futuros ordenadores. Ellos nos superan con creces en potencia de cálculo.

Todo es cálculo

Quisiera incidir todavía más en el hecho de que formamos una sociedad profundamente anclada en la necesidad de cálculo.

Tomemos un ejemplo concreto, el de nuestras fotos y vídeos que siempre nos acompañan, que nos recuerdan nuestras vivencias y seres amados. Cada una de esas fotos no es más que un conjunto de números que nos dan el valor de un nivel de grises, o de azul, verde y rojo en un punto, en un píxel. Al reunir los valores de todos los píxeles creamos un archivo, que es la foto. Queremos almacenar ese archivo y también queremos enviarlo a amigos. Preferimos que sea un archivo pequeño. No debe ocupar demasiado espacio, ni queremos que sea lenta su transmisión. Para ello intentamos guardar la misma información original, pero de forma comprimida. Inventamos algoritmos de compresión. Toda la teoría de la información creada hacia 1950 por Claude Shannon nos enseña los límites matemáticos para comprimir y enviar información. Sí, hay límites absolutos a cuánto se puede comprimir un archivo. Vienen especificados por el concepto de *entropía de Shannon.*

Aunque intentemos otorgar un valor sentimental a una foto, esta no es más que una cantidad de información que hemos aprendido a almacenar y procesar. La emoción no se halla en la foto, sino que se produce en el cerebro que recibe la información. La información es aséptica, tratable por algoritmos.

Este ejemplo sirve para comprender que los humanos han aprendido a desligar ciertos aspectos sentimentales de los puramente objetivos. No ha sido un camino fácil. Un ordenador puede jugar al ajedrez y ganar fácilmente a un humano porque el ajedrez no es más que un problema de cálculo. Lo que llamamos intuición ajedrecista no es más que una forma de intentar acelerar un cálculo, sin garantizar el resultado. Podemos programar a un ordenador para que realice cálculos masivos de ajedrez, superiores a nuestros trucos basados en la intuición. El ordenador nos ganará sin pestañear.

Un ordenador puede distinguir caras humanas porque también se trata de un problema de cálculo. Puede generar texto o música, puede dar probabilidades de éxito a decisiones. Si existe un cálculo posible, el ordenador lo podrá hacer. Si no comprendemos qué cálculo hacer, estamos ya intuyendo formas para lograr que los ordenadores aprendan tareas sin supervisión humana. Las funciones que durante siglos hemos estado atribuyendo a la inteligencia humana no son más que problemas de cálculo de mayor o menor grado de complejidad. El reconocimiento de la voz, la correlación de memorias, la toma de decisiones, todo tiene una esencia basada en la pura computación.

El reto de los humanos es comprender y aceptar que seremos capaces de generar máquinas más potentes que nosotros mismos en todos los aspectos imaginables. Nuestras máquinas ya son más fuertes que nosotros. Perforan montañas, vuelan, viajan a la velocidad del sonido. El paso que ahora estamos construyendo es el de la inteligencia artificial básica. Las redes neuronales son capaces de clasificar imágenes, interpolar, predecir series, aprender patrones. El próximo paso ya en marcha habla de emociones. Entrenaremos redes neuronales para captar y reproducir emociones.

Nuestro mejor y peor amigo será una inteligencia artificial.

Unos y ceros

El mundo de la computación se basa en *bits.* Un bit es una variable que puede tomar solo dos opciones: el 0 y el 1. ¿Cómo podemos reducir todo a ceros y unos? ¿Cómo implementamos esta lógica en el corazón de un ordenador?

Veamos un ejemplo: 3 + 4. Sumar 3 y 4 puede hacerse de muchas maneras. Una muy poco eficiente es representar el 3 como tres palotes (III) y el 4 como cuatro palotes (IIII). La suma es 7 palotes, IIIIIII. Otra forma válida de hacer esta operación es ver que el 4 puede representarse como 100, o sea $1 \times 4 + 0 \times 2 + 0 \times 1$. La ventaja de esta notación es que solo utilizamos dos símbolos, el 1 y el 0. De esta forma $4 + 3$ se representa con $100 + 11 = 111$, dado que 111 es $1 \times 4 + 1 \times 2 + 1 \times 1 = 7$. El sistema de ceros y unos corresponde a lo que llamamos *base binaria.* Todos nuestros ordenadores actuales trabajan en esta base. Todas las operaciones en el corazón de un ordenador se hacen en base binaria.

Calcular en una máquina de Turing

Para lograr llevar a un ordenador el procesamiento de ceros y unos necesitamos que una acción física actúe como el equivalente de una operación de aritmética.

Es una idea brillante. Tomamos un sistema físico que sigue leyes físicas de forma que su evolución es absolutamente equivalente a haber hecho, por ejemplo, una suma. Hemos logrado comprender una máxima fundamental:

cálculo = física

Esta idea fue formulada hacia 1930 por una serie de lógicos como Alonzo Church, Kurt Gödel, Emil Leon Post, Stephen Kleene y Alan Turing, al iniciar la teoría de la computabilidad. Si deseamos computar, hemos de crear una máquina cuya evolución física se corresponda con un cálculo.

¿Existe una forma de describir una máquina que realice cálculos? Sí. Esta es exactamente la gran contribución de Alan Turing. Él logró definir los elementos esenciales que permiten realizar un cálculo. Basta una cinta en la que podemos escribir datos, un cabezal que tenga un estado interno y una serie de instrucciones que dictan cómo se desplaza el cabezal, cómo cambia su estado interno y cómo escribe sobre la cinta. Estos tres elementos definen la máquina de Turing. Todo cálculo se puede realizar en una máquina de Turing. Y toda máquina de Turing debe tener un soporte físico, una máquina real que sigue leyes físicas.

Nuestros ordenadores actuales son versiones sofisticadas de una máquina de Turing.

Estado sólido

Nuestros ordenadores actuales utilizan dispositivos electrónicos semiconductores —también llamados *transistores*— como elementos físicos que realizan un cálculo. Un teléfono inteligente posee miles de millones de transistores, capaces de realizar operaciones lógicas mediante el aprovechamiento de las propiedades electromagnéticas de los electrones. Hemos reducido el proceso de cómputo al uso de las leyes que controlan a los electrones.

La rama de la mecánica cuántica que permite comprender en detalle el comportamiento de los materiales semiconductores es el estado sólido. Las ecuaciones básicas de la mecánica cuántica permiten comprender el comportamiento de los electrones en los materiales. Así entendemos la aparición de las bandas de conducción, que dictan el color de un material. Dictan también el comportamiento de las impurezas en el material o de los electrones libres. Gracias al estado sólido comprendemos lo que es un material conductor y lo que es un aislante. También comprendemos la posibilidad de crear transistores, que son los elementos que nos permiten hacer cálculos.

El gran avance en la miniaturización de transistores y en su empaquetamiento en un chip nos permite tener máquinas de cálculo increíblemente pequeñas. Estos chips realizan miles de millones de operaciones aritméticas cada segundo. Pueden realizar las operaciones necesarias para crear un documento de texto, para hacer operaciones matemáticas, para simular el ataque de un dinosaurio que nos asusta.

Problemas fáciles y difíciles

No todos los problemas requieren el mismo esfuerzo de cálculo para ser resueltos. Una forma de establecer cuánto esfuerzo requiere un problema consiste en contar cuántas operaciones entre ceros y unos son necesarias para hallar su solución.

Veamos un ejemplo. Multipliquemos dos números tal como aprendimos en el colegio. Si quiero multiplicar 26 × 13, necesito multiplicar 6 × 3, que me da 18, escribo 8 y llevo 1, luego multiplico 2 × 3 y sumo el arrastre. Sigo con las operaciones del 26 × 1, desplazando todo un lugar a la izquierda. Me queda sumar las columnas. Es fácil ver que si los números que multiplico son grandes, imaginemos que tienen unas mil cifras cada uno, el número total de operaciones es del orden de un millón. Multiplicar necesita de un número de operaciones que crece con el tamaño de los números que multiplico. Para ser precisos, el esfuerzo de multiplicar es proporcional al producto del número de dígitos empleados para representar a cada multiplicando. Técnicamente decimos que multiplicar es un problema de complejidad computacional polinómica.

Multiplicar, dividir o tomar el máximo común divisor son operaciones de coste polinómico. En cambio, factorizar un gran número es un problema mucho más difícil. Hoy en día nadie conoce un algoritmo que permita factorizar con esfuerzo polinómico. Precisamos un esfuerzo exponencial relacionado con el tamaño del número a factorizar.

Nuestros ordenadores actuales son fabulosos a la hora de resolver problemas de complejidad computacional polinómica. Pero existen problemas importantes que escapan a esta categoría. El siglo XXI aportará un avance esencial en este terreno: los ordenadores cuánticos.

5

—

MEDICINA

La mecánica cuántica también nos ayuda a vivir más. Gracias a que comprendemos las propiedades cuánticas de la materia somos capaces de sondear nuestro cuerpo, podemos atacar un cáncer o empezamos a diseñar medicamentos.

Todo el avance en la utilización de la mecánica cuántica en medicina se ha realizado lentamente y casi renegando de los principios cuánticos. Daré un ejemplo. La resonancia magnética nuclear descubierta en la primera mitad del siglo XX y empleada en hospitales ha pasado a llamarse en inglés *magnetic resonance imaging* (MRI), que corresponde a reconstruir una imagen a partir de una resonancia magnética. La palabra *nuclear*, que es esencial en el proceso utilizado, ha quedado excluida del nombre de la tecnología.

No deja de ser curioso que las contribuciones cuánticas que empleamos intensamente han dejado de llevar la palabra *cuántico* en sus nombres. Usamos relojes atómicos, GPS, MRI o láseres. No existe en sus nombres ningún vestigio de su origen cuántico.

Resonancia magnética nuclear

Algo va mal dentro de mi cuerpo. Hay dos opciones: a) abrir con un bisturí y mirar qué sucede, o b) inspeccionar mi cuerpo con una máquina de resonancia magnética nuclear. Prefiero la segunda opción.

Una resonancia magnética nuclear permite visualizar el interior del cuerpo humano de forma no invasiva. ¿Cómo es posible ver el interior de un cuerpo sin entrar en él? Hay un poquito de trampa en esta pregunta. La resonancia magnética nuclear sí penetra en el cuerpo. La idea consiste en aprovechar un fenómeno llamado *resonancia cuántica entre espines de núcleos atómicos* y la radiación electromagnética.

Si enviamos radiación poco energética —las llamadas *radiofrecuencias*— a un tejido humano, se produce un fenómeno peculiar. Los núcleos de los átomos de hidrógeno captan a esos fotones y resuenan con él, es decir, los espines de esos núcleos se alinean. De hecho, basta con que una pequeña parte de los núcleos cambien su orientación para que el efecto sea observable. Cuando estos núcleos recuperan su estado inicial, la energía sobrante sale del cuerpo también en forma de señal electromagnética, que es captada por detectores. Un esfuerzo notable de cálculo permite reconstruir la geometría de los tejidos que han enviado los fotones. De esta forma logramos hacer una foto del interior del cuerpo humano, sin penetrar en él con un agresivo cuchillo.

Hoy en día ya es posible realizar un seguimiento del interior del cuerpo humano en tiempo real. Es la resonancia magnética nuclear funcional. Podemos incluso analizar —aunque de forma todavía burda— el funcionamiento de nuestro cerebro.

PET

Una forma diferente de descubrir qué sucede en el interior de nuestro cuerpo es utilizar algo casi increíble: ¡antipartículas! Por cada partícula, dice la mecánica cuántica, existe una antipartícula de igual masa pero con las propiedades cuánticas opuestas. Existe el electrón y el antielectrón, llamado *positrón*. Si un electrón y un positrón chocan, se destruyen mutuamente y toda su energía se convierte en dos fotones. Cada fotón debe llevarse la energía equivalente a la masa inicial de un electrón. Esta energía corresponde a un rayo gamma, es decir a una energía de 0,511 megaelectronvoltios por fotón.

Si miramos al cielo y vemos que de una galaxia alejada nos llegan muchos rayos gamma, sabemos que grandes cantidades de materia y antimateria se están aniquilando mutuamente en ese lugar. Son los lugares más convulsos del universo.

Podemos ser muy astutos y manipular flúor hasta transformarlo en una sustancia que decae en positrones. Esta sustancia se asocia a la glucosa. Las zonas del cuerpo que consumen mucha glucosa acaparan el derivado del flúor. De esta forma hemos logrado introducir antipartículas en el cuerpo humano que rápidamente se aniquilan con electrones y emiten fotones gamma. Esta aniquilación de electrones y positrones nos informa del interior del metabolismo de nuestro cuerpo. Hemos concebido la tomografía por emisión de positrones o PET *(positron emission tomography).*

Aceleradores de protones

Si, por desgracia, desarrollamos un cáncer, una de las terapias actuales consiste en intentar matar las células malignas por radiación. En el fondo, la estrategia es simple. Utilizamos cañones que lanzan proyectiles contra las células cancerígenas y las matan. Desafortunadamente, este tratamiento mata tanto a las células malignas como a las sanas.

Existen proyectiles específicos que podemos utilizar contra cánceres que afectan a diferentes partes de nuestro cuerpo. Lo importante es lograr que cada proyectil incida únicamente en la zona afectada por el cáncer. Empleamos radiación tanto de fotones como de otras partículas elementales. Podemos utilizar, por ejemplo, protones.

La ventaja de lanzar un haz de protones contra un tejido canceroso es poder decidir con precisión a qué profundidad llegará. Los protones tienen lo que llamamos *sección eficaz*, que describe la interacción cuántica entre protones y moléculas. En función de la energía inicial de los protones, estos penetrarán más o menos dentro del tejido. Un acelerador de protones permite tratar cánceres de forma precisa.

Es lógico esperar que las mejoras en tecnologías cuánticas nos permitan atacar el cáncer con nuevos instrumentos. La mecánica cuántica es sin duda una gran aliada de nuestra salud.

3

La segunda revolución cuántica

¡Se está fraguando una revolución en la ciudad de Cuántica! Nuevas ideas se agolpan y son discutidas enardecidamente en cada reunión de sus habitantes. Se respira un aire de excitación y de anticipación que afecta a toda la población.

Se trata de una revolución pacífica, práctica, no filosófica, pero de consecuencias difíciles de predecir.

La revolución se sustenta en varias ideas; unas son más arriesgadas, otras más certeras, pero ninguna es conservadora. Cuatro grandes líneas de discusión y trabajo han sido creadas para canalizar la exuberante energía de los jóvenes habitantes de Cuántica:

1) Un grupo de ciudadanos ha logrado crear los primeros prototipos de nuevos ordenadores cuánticos. Las consecuencias políticas y económicas de esta aventura son abismales.
2) Un segundo grupo, empecinado en el secreto, desea cambiar todas las comunicaciones de la ciudad. Su afán se traduce ya en realidades tangibles. El secreto en Cuántica es ya indescifrable.
3) Un grupo de empedernidos pragmáticos propone un salto de precisión. ¿Precisión? Sí, este grupo de-

sea medir el tiempo, el espacio o las fuerzas con tal detalle que toda conversación raya en la filosofía. En la precisión, dicen, radica la verdadera comprensión.

4) En medio de la algarabía que propician tantas ideas revolucionarias, un cuarto grupo de habitantes juega con las leyes cuánticas. Pretenden que en un sistema cuántico se simule el comportamiento de otros sistemas cuánticos. Subrepticiamente, los proponentes de la simulación cuántica se han hecho con el poder de la imaginación.

Cuántica corre el peligro de convertirse en una ciudad muy codiciable. Este no es un tema baladí. Despierta recelos en propios y ajenos.

1

ORDENADORES CUÁNTICOS

La mecánica cuántica abre la posibilidad de crear nuevos ordenadores cuánticos increíblemente potentes.

A diferencia de los ordenadores actuales, que llamaremos ordenadores clásicos, estas nuevas máquinas aprovechan las leyes cuánticas que rigen las estructuras básicas de la naturaleza para realizar cálculos complejos. Las ideas que se utilizan son muy astutas y comprenderlas requiere avanzar poco a poco.

Un ordenador clásico aplica leyes cuánticas de una forma burda. En el corazón íntimo de un chip, los elementos cuánticos —como el propio electrón— ya no muestran comportamientos cuánticos individuales. Por ejemplo, el electrón no se halla en un estado de superposición. Otro ejemplo, un transistor de un ordenador actual no es más que un relé que conmuta el flujo de electrones.

En cambio, en un ordenador cuántico, los elementos básicos utilizan la superposición cuántica para realizar cálculos de forma más rápida. Los ordenadores cuánticos suponen un salto conceptual brutal hacia el empleo completo de las leyes cuánticas.

Los ordenadores cuánticos llegarán a ser potentísimos, dejarán atrás a gigantescas máquinas de cálculo clásicas que parecían inexpugnables. Un solo procesador cuántico podrá realizar un tipo de cálculo muy específico más rápidamente que todos los ordenadores clásicos de la Tierra juntos trabajando durante toda la edad del universo. La diferencia de capacidad de cálculo entre un ordenador cuántico y uno clásico es abismal. Pero antes de adentrarnos en el funcionamiento de un ordenador cuántico es necesario comprender la trascendencia que implica su construcción. ¿Para qué queremos construir ordenadores tan potentes? La respuesta verdadera no es inmediata. Toda la discusión sobre la utilidad de los nuevos ordenadores queda inmersa en un halo de misterio que no es habitual en los demás avances que propone la mecánica cuántica. La razón de esta desconcertante situación es que un ordenador cuántico tiene una implicación política brutal: puede alterar gravemente todo el mundo de las comunicaciones secretas. Un ordenador cuántico plantea un problema político extraordinario a escala planetaria.

Para un científico, crear un ordenador cuántico es un reto intelectual difícil de soslayar. La construcción de un ordenador cuántico que realice un cálculo significativo, relevante e incuestionablemente impresionante conlleva el sello de la trascendencia.

Muchos científicos desean trascender.

El secreto en peligro

¿Por qué es tan importante la construcción de un ordenador cuántico? La respuesta rápida es que un ordenador cuántico puede descifrar todos los mensajes secretos que circulan por internet.

Todos nuestros correos, todas nuestras comunicaciones con un banco o con una agencia de viajes, todas nuestras redes sociales, todas las copias de seguridad de las corporaciones, todas las comunicaciones políticas, todo el tráfico de la nube, todo está protegido por algoritmos que son descifrables por un ordenador cuántico.

Quién posea un ordenador cuántico podrá descifrar todas las transacciones secretas que se realizan por internet, y las que se realizaron en el pasado y han sido almacenadas a la espera de un progreso disruptivo en el descifrado de la criptografía actual.

Un cofre y una llave

Viajemos al corazón de la forma en que compartimos secretos en nuestra sociedad actual. Veamos en detalle cómo realizamos actualmente nuestras comunicaciones secretas. ¿Qué mejor ejemplo que el de comunicarnos con nuestro banco? De forma más precisa, imaginemos que quiero hacer una transferencia bancaria. Quiero que este proceso sea seguro, que sea secreto. Al conectarme al banco por internet no quiero que mis datos privados sean leídos por ladrones. Para que mi comunicación por internet sea secreta, se debe establecer un protocolo criptográfico.

Es fácil entender la forma en la que realizamos una transacción secreta si empleamos un símil con un cofre, de los que usan los piratas para encerrar tesoros, y la llave que lo abre. Para realizar la transferencia de dinero, el banco prepara un cofre que se puede sellar herméticamente al cerrar la tapa y que solo se puede abrir empleando una llave. Por lo tanto, el banco crea un cofre y su llave. Después, el banco se queda con la llave y me envía el cofre abierto. En ese cofre introduzco un mensaje especificando la transferencia que deseo realizar. Sello el cofre y lo envío de vuelta. El banco recibe el cofre y emplea la llave que está en su poder para abrirlo y poder leer el mensaje. Hemos realizado una transacción segura.

Paso a paso, el procedimiento que hemos seguido para realizar una transacción es:

1) El banco genera un cofre y la llave que lo puede abrir.
2) El banco se queda con la llave y me envía el cofre abierto.
3) Introduzco mi mensaje en el cofre, lo cierro y lo envío de vuelta al banco.

4) El banco abre el cofre con la llave que ha mantenido en su poder.

En internet, el cofre recibe el nombre de *clave pública* y la llave el de *clave privada.* Ambas claves son enormes series de ceros y unos.

Grandes números primos

El cofre y la llave eran una imagen para comprender lo que de verdad hacen los ordenadores del banco y el mío propio cuando se conectan. La forma exacta de proceder sigue el espíritu del cofre y la llave, pero empleando programas informáticos y ficheros.

Al iniciar el proceso, el banco toma dos números primos muy grandes que constituyen su clave privada. Es decir, el equivalente de la llave es un par de números primos muy grandes.

El banco también multiplica los dos números primos. El resultado de esta multiplicación es un número enorme que corresponde al cofre, es decir a la llave pública. Multiplicar dos números es una operación matemática eficiente y rápida, no requiere gran esfuerzo de cálculo. Este nuevo número —resultado de la multiplicación de los dos números primos— llega a mi ordenador y es utilizado para codificar mi información. Esta información codificada es enviada al banco. Cuando el banco recibe mi información codificada procede a descodificarla usando la clave privada, es decir los números primos iniciales.

Paso a paso:

1) El banco genera dos números primos (llave) y calcula su producto (cofre).
2) El banco se queda los dos números primos y me envía el producto.
3) Utilizo el producto para codificar el mensaje y lo envío de vuelta al banco.
4) El banco usa los números primos originales para descodificar mi mensaje.

Las fórmulas matemáticas que permiten encriptar y desencriptar los mensajes usando la idea de los números primos son complejas y se basan en desarrollos matemáticos bien comprendidos. Son aspectos técnicos de aritmética modular que definen esta criptografía llamada *RSA* (nombrada así por los apellidos de sus creadores: Ron Rivest, Adi Shamir y Leonard Adleman), que no resultan esenciales para que comprendamos el proceso global.

Secreto y complejidad computacional

En cambio, sí es importante comprender por qué el uso de claves basadas en el producto de números primos evita la acción de los ladrones.

Un ladrón necesita los dos números primos para decodificar la información. Dado que por internet ha circulado el producto de los dos primos que corresponde a la clave pública, el ladrón puede intentar factorizar ese gran número para obtener los dos números primos originales. Si lo logra, dispone de la clave privada y puede descifrar el mensaje. Pero no existe ningún algoritmo conocido eficiente para factorizar grandes números. Los números empleados hoy en día son tan grandes que un ordenador actual tardaría más de la edad del universo en factorizar la clave pública. La criptografía actual es segura frente a ladrones que disponen de ordenadores clásicos.

Veamos un ejemplo. Tomo mi clave privada como los números primos 3 y 5. Mi clave pública es 15. Si usted es un espía e interfiere la primera parte de la comunicación, leerá el número 15, producto de los números primos anteriores. Basta que usted tome el número 15 y descubra que se escribe como el producto de 3 por 5. Con ese resultado ya puede desencriptar el mensaje.

Pero ¿qué pasa si utilizo como clave pública el número 1934533? Ahora, el supuesto espía debe factorizar este número. Tras mucho esfuerzo descubre que los factores son 383 y 5051. Sigamos. Empleo como clave pública 1172766525171171871313. El ladrón puede ahora estar un buen rato intentando hallar los factores 34245678923 y 34245678931. La idea empieza a ser clara. Si tomamos números más y más grandes, el ladrón necesitará un tiempo enorme para hallar los factores que lo forman. Hoy en día empleamos claves con números de cientos de cifras. No es recomendable intentar factorizar uno de estos números. Puede uno morir en el intento.

Esta es la fuerza de la criptografía clásica. El procedimiento de comunicación es conocido por todo el mundo, la clave pública también es conocida, pero el cálculo necesario para descifrar el mensaje es increíblemente enorme.

Ni todos los ordenadores de la tierra juntos pueden factorizar una clave pública actual.

Sabemos algo más. El problema de factorizar tiene un algoritmo clásico que ha superado a todos los demás. Este algoritmo necesita más y más tiempo para resolver números que van creciendo. De forma explícita, el mejor algoritmo clásico de factorización requiere un número exponencial de operaciones para factorizar un número de *n* dígitos. Exactamente el número de operaciones crece como $\exp(c\, n^{1/3} \log^{2/3} n)$, donde *c* es una constante cercana a 1,9. Si usted es espía, pruebe a sustituir *n* por 1000, luego por 2000 y luego por 10000. Así verá cómo va aumentando el costo de cálculo necesario para desencriptar claves con esos números de dígitos.

La criptografía actual RSA en la que sustentamos nuestra economía y nuestras redes sociales se basa en la enorme dificultad de factorizar grandes números. Si alguien descubriese una forma de factorizar grandes números, tendría en su poder un arma terrible porque podría interceptar y leer todas las comunicaciones del planeta.

Eso es precisamente lo que logrará un ordenador cuántico. Un ordenador cuántico podrá factorizar números de forma eficiente, será capaz de descifrar toda la criptografía actual.

Qubits: cálculo cuántico en paralelo

Un ordenador cuántico *sí* puede factorizar números de forma rápida. La razón profunda de cómo lo logra es que un ordenador cuántico aprovecha el hecho de que un estado cuántico puede estar en superposición de varias opciones clásicas. El ordenador cuántico procesa todas las opciones superpuestas de una sola tacada.

Un sistema cuántico puede basarse en un átomo que tiene un estado fundamental, al que llamamos «0», y uno excitado al que llamamos «1». El postulado I nos dice que es posible tener al átomo en superposición de los dos estados:

«0» + «1»

Hemos construido una generalización de los bits clásicos, que llamamos *qubit* o bit cuántico.

Si deseamos hacer operaciones con tres bits, podemos tomar tres átomos cuya función de onda puede contener todas las superposiciones posibles:

«000» + «001» + «010» + «011» + «100» + «101» + «110» + «111»

Los tres átomos están representando ocho opciones de cálculo clásico. Si tenemos *n* átomos, tendremos un total de 2^n estados superpuestos, que es un número exponencial de opciones. El ordenador cuántico procesará todas las opciones a la vez. El ordenador cuántico será exponencialmente más potente que uno clásico para ciertas operaciones.

Un ordenador cuántico es potencialmente un ordenador masivamente paralelo, si logramos hallar un algoritmo que explote la propiedad cuántica de superposición.

Un estado cuántico refleja la información del sistema de la cual disponemos como la superposición de las historias compatibles. La idea central de un ordenador cuántico es preparar un sistema en todas las historias posibles, en todos los números que son candidatos a ser el resultado final. Las puertas lógicas cuánticas se encargan de ir eliminando aquellas historias que no dan lugar al resultado deseado. Un ordenador cuántico procesa todas las opciones posibles en el mismo tiempo en que trata una concreta. Su enorme poder se basa en el procesamiento paralelo de superposiciones.

Quisiera ser muy claro al explicar que no es correcto decir que un ordenador cuántico procesa todas las opciones clásicas en paralelo, como si fueran independientes. Un ordenador cuántico mantiene en su registro todas las superposiciones, pero necesita lograr que aquellas que no nos interesan se vayan eliminando. Para ello precisa hallar la forma de que se produzca una interferencia destructiva entre las opciones inútiles. El poder de un ordenador cuántico emana pues de la colaboración precisa de dos propiedades: superposición e interferencia.

Es posible ver que durante la ejecución de un buen algoritmo cuántico, el estado físico que se mantiene en el registro se entrelaza enormemente. Dado que el entrelazamiento es la cualidad que no puede reproducirse en el mundo clásico, un ordenador cuántico no puede ser simulado eficientemente por uno clásico. La computación cuántica es genuinamente diferente de la clásica.

Complejidad computacional cuántica

La forma precisa de utilizar un ordenador cuántico para romper la criptografía RSA fue ideada por el matemático Peter Shor en 1991. Su propuesta fue teórica. Él demostró rigurosamente que un ordenador cuántico podría factorizar grandes números de forma eficiente.

El detalle del teorema de Shor es muy interesante. Resulta que el algoritmo de Shor no solo factoriza grandes números, sino que es capaz de resolver toda una categoría de problemas difíciles en el mundo de la computación clásica. Un ordenador cuántico resuelve de forma eficiente el problema de encontrar un subgrupo oculto. Factorizar es equivalente a hallar un período, y este es un ejemplo de subgrupo oculto. El genio de Shor consistió en percatarse de que una transformada de Fourier cuántica se puede hacer de forma eficiente en un ordenador cuántico.

Los ordenadores cuánticos cambian las clases de complejidad computacional. Ciertos problemas difíciles en ordenadores clásicos son fáciles en ordenadores cuánticos. Sin embargo, no todos los problemas difíciles en ordenadores clásicos pasan a ser sencillos en un ordenador cuántico. El ordenador cuántico no es una panacea computacional. Tenemos evidencia de que los llamados problemas NP (polinómicos no-deterministas), que son difíciles en ordenadores clásicos, lo seguirán siendo en el mundo cuántico. Uno de estos problemas es, por ejemplo, el *problema del viajante*. Este problema consiste en descubrir si un camino que recorra todo un conjunto de ciudades tiene una longitud mínima acotada. Los ordenadores clásicos necesitan un tiempo enorme para resolver este problema aparentemente simple. Los ordenadores cuánticos también lo necesitarán.

Veinticinco años después del algoritmo de Shor, han empezado a aparecer los primeros prototipos de ordenadores cuánticos, todavía primitivos e incapaces de factorizar grandes números. El progreso futuro será vertiginoso y dispondremos de ordenadores cuánticos potentes en un futuro no lejano.

¿Para qué servirán los ordenadores cuánticos?

Un ordenador cuántico podrá factorizar números. ¿Podremos hacer otro tipo de cálculos útiles?

Esta pregunta se halla en el límite de la investigación actual. Poco a poco vamos aprendiendo qué problemas pueden acelerarse notablemente en un ordenador cuántico y qué otros no. Es muy posible que los problemas de diseño de materiales, de cálculo de moléculas y de entrenamiento de redes neuronales sean buenos candidatos a ser tratados con mecánica cuántica. Es también obvio que no necesitamos un ordenador cuántico para escribir un correo electrónico. Parece lógico que los ordenadores del futuro tendrán una parte clásica y otra cuántica. Las tareas ordinarias serán ejecutadas en un chip clásico. Solo aquellas tareas intensas en las que la computación cuántica supera a la clásica serán ejecutadas en el chip cuántico. Tendremos ordenadores híbridos.

Las tareas adecuadas para un ordenador cuántico pueden también ser poco vistosas. Si cierto cálculo mejora solo un poco en un ordenador cuántico pero la relevancia del cálculo tiene implicaciones económicas importantes, entonces usaremos los ordenadores cuánticos para resolverlo. Es incluso viable construir ordenadores cuánticos que solo realicen tareas específicas. En este sentido, la máquina llamada DWAVE es capaz de buscar soluciones óptimas a problemas complejos. Se trata de un chip con qubits basados en corrientes superconductoras que implementa el llamado *annealing cuántico*. La idea consiste en que los estados cuánticos buscan un mínimo de una cierta función que nos interesa aprovechando el efecto túnel que les permite cruzar barreras de potencial.

El uso inteligente de ordenadores cuánticos forma parte del futuro que hemos de definir.

Viejo *versus* nuevo cómputo electrónico

Los ordenadores cuánticos no son el primer intento humano de utilizar leyes cuánticas en el arte de calcular. Hoy en día, cualquier teléfono contiene un procesador que puede realizar miles de millones de multiplicaciones en un segundo. Parece increíble. Los electrones que circulan por los circuitos se comportan de tal manera que realizan operaciones matemáticas sencillas como sumar, restar, multiplicar o dividir. Estos circuitos básicos se pueden combinar para lograr operaciones más sofisticadas. Uno sobre otro, cada estrato de cómputo nos lleva un poco más lejos. Esos electrones pueden finalmente computar logaritmos, realizar integrales o manipular matrices enormes. Es un logro del ingenio humano. El control de las leyes que rigen a los electrones es tan detallado que logramos hacer sumas y restas gracias a si circulan por una rama del circuito o por otra.

El detalle es importante. En su nivel más elemental, las operaciones que necesitamos realizar se reducen a la manipulación de ceros y unos. En las entrañas de los circuitos electrónicos hay unos elementos llamados *transistores* que realizan estas operaciones lógicas básicas. El comportamiento de los electrones en estos transistores obedece a las leyes de la mecánica cuántica. Mediante la cuidadosa manipulación de cargas eléctricas podemos reproducir el comportamiento de una puerta lógica. Por ejemplo, podemos hacer que un 1 y un 1 se sumen en un 2.

La diferencia entre esta primera forma de utilizar la mecánica cuántica y los avances recientes en ordenadores cuánticos es profunda. En los ordenadores clásicos actuales empleamos las leyes cuánticas para emular el proceso de suma o el de multiplicación. En los ordenadores cuánticos futuros, las leyes cuánticas codifican los números en estados cuánticos del sistema y, en consecuencia, manipulan las superposiciones cuánticas en paralelo.

La computación cuántica conlleva un cambio de paradigma computacional.

Qubits físicos

Una cuestión importante en el progreso actual en computación cuántica radica en decidir cuál es el mejor soporte físico para construir qubits. Estos qubits son sistemas cuánticos elementales, con dos estados. Deben ser fácilmente manipulables y debe ser posible separarlos del entorno para evitar la decoherencia cuántica. Si las ondas electromagnéticas que pasan por la habitación o cualquier alteración rompen la calidad de las superposiciones cuánticas, nuestro ordenador cuántico es inútil. Perderemos el poder del cálculo paralelo y dejaremos de tener una ventaja exponencial en el cálculo.

Actualmente empleamos dos tipos principales de qubits: los basados en corrientes superconductoras y los basados en iones atrapados. Los primeros son ciertamente originales. Según la mecánica cuántica es posible tener una superposición de átomos circulando en una dirección o en la opuesta. De nuevo, parece increíble que una corriente de electrones en superposición permita a los electrones girar a la derecha o a la izquierda. Pero así es, los prototipos de máquinas de cómputo cuántico utilizan esta propiedad. La segunda opción es emplear iones atrapados: empleamos el hecho de que uno de sus electrones se halla en la superposición de un estado fundamental y otro excitado. Las trampas de iones son muy adecuadas para dominar pocos qubits, pero difíciles de escalar a tamaños grandes. En cambio, las corrientes superconductoras son fácilmente escalables pero menos fiables.

Existen otras propuestas para crear qubits capaces de soportar cálculo cuántico. Una de ellas parece pura magia. La idea consiste en aprovechar la propiedad cuántica de que ciertos sistemas físicos presentan propiedades topológicas que se reflejan al intercambiar partículas en el sistema. En ese tipo de sistemas, podemos pasar lo que llamamos un anyon alrededor de otro. Su función de onda cambia. Toma una fase. Jugando con los intercambios de anyones como si fuesen hebras que tejen nudos es, en principio, posible realizar cómputo cuántico. La propuesta toma fuerza porque esa forma de proceder debería ser robusta frente a la decoherencia. Nadie ha logrado crear puertas lógicas con anyones. Esperemos que un día sea posible y la magia se convierta en cálculo.

El futuro de los ordenadores cuánticos dependerá de hallar soportes físicos adecuados. Tardaremos en hallar una buena solución, pero la hallaremos. Seguramente, de aquí a un siglo, los ordenadores cuánticos estarán construidos con diferentes sistemas que hoy ni siquiera imaginamos.

Cálculo exacto con azar

Calcular es útil. Nuestra sociedad se fundamenta en procesos que requieren cálculo intenso. Diseñamos aviones, predecimos el tiempo meteorológico, procesamos datos en procesos de producción, empleamos cada vez más ideas de inteligencia artificial para hacer más cómodas (no más felices) nuestras vidas. Multiplicar rápido es útil. Sumar, restar, factorizar. Toda la computación debe hallar un sustrato idóneo. Ese sustrato será cuántico, sin duda.

El dramaturgo Eugène Ionesco escribió una notable pieza de teatro del absurdo titulada *La lección*. La obra es breve, imprevisible y llena de humor. Su éxito es incontestable dado que lleva representándose ininterrumpidamente en el Teatro de la Huchette de París desde 1957. La escena es única. Un profesor intenta enseñar las reglas de la multiplicación a una niña. No se pierdan la obra, nunca imaginarán lo complicado que puede ser enseñar a multiplicar. Tampoco se pierdan el final, digno del absurdo más puro.

Cuántica y absurdo. Hay una relación. ¿No es acaso paradójico que el mejor esquema de cómputo que la humanidad ha concebido se base en la mecánica cuántica, una teoría que contiene azar intrínseco? Aunque parezca increíble, es posible utilizar los principios cuánticos, que contienen el azar en su esencia profunda, para realizar cálculos aritméticos sofisticados. Si Einstein levantara la cabeza, esta sorpresa podría sumirlo en un mar de dudas.

2

SECRETO CUÁNTICO

No podemos vivir sin secretos. Nadie quiere ver su intimidad al descubierto. No deseamos que nos roben el dinero que tenemos en el banco, no queremos que nadie lea los correos que intercambiamos con nuestros amigos, o con nuestros jefes y clientes. No podemos vivir en una casa con paredes de cristal donde cada una de nuestras reacciones pueda ser observada.

El secreto siempre ha sido necesario y lo será eternamente.

El secreto en la comunicación es crítico porque en ella se basan toda nuestra economía y nuestras relaciones sociales. En el capítulo anterior hemos argumentado que los ordenadores cuánticos darán al traste con los protocolos criptográficos que utilizamos hoy en día. ¿Cómo va a proceder nuestra sociedad? Si construimos ordenadores cuánticos, ¿cómo podemos garantizar la comunicación secreta entre nuestros ordenadores?

En un giro de eventos que roza la magia, la mecánica cuántica, responsable de romper nuestras comunicaciones secretas actuales, aporta una solución para lograr comunicación cuántica secreta: la *criptografía cuántica.* La mecánica cuántica crea a la vez el problema y su solución.

La comunicación cuántica es un mundo sutil. Los principios que rigen la comunicación cuántica se corresponden con los postulados cuánticos.

El secreto cuántico es absolutamente seguro, es certificable.

El espía deja huella

En una película llena de intriga vemos la siguiente escena. Un hombre cree que lo están espiando. Camina por la calle mirando por encima de su hombro, busca en los cristales de las tiendas el reflejo de alguien que lo siga. Llega a casa y busca indicios de si alguien ha entrado. Tiene que volver a salir de su casa y la angustia por encontrarse a la vuelta al espía enemigo lo domina. De repente tiene una idea. Al salir de su apartamento, toma un papel pequeño y lo atrapa entre el marco y la puerta antes de cerrarla. El papel pasa desapercibido porque se sitúa a una altura de diez centímetros del suelo. Si entra un espía, no lo verá y cuando abra la puerta, el papel caerá. Sin darse cuenta, el espía deja huella de su allanamiento. Cuando nuestro hombre vuelva a casa mirará si el papel sigue en su sitio. Si está ahí, no ha entrado ningún espía. Si el papel no está en su sitio, será mejor irse corriendo. La criptografía cuántica parte de esta idea. ¿Es posible utilizar la mecánica cuántica para saber si alguien ha interferido nuestra comunicación? La respuesta es *sí*.

Mensajes sobre espines

La mecánica cuántica nos decía a través de su tercer postulado que la acción de medir altera el objeto medido. Si un estado es superposición de opciones y medimos una, el estado colapsa en esa opción.

Tomemos un electrón que tiene una propiedad cuántica que llamamos *espín*. Este espín actúa como un imán elemental. Para todos los efectos de esta discusión, podemos imaginar el espín del electrón como una flechita.

Para medir el espín de un electrón, podemos crear un aparato de medida que actúa de la siguiente forma: colocamos el aparato en la dirección vertical; al pasar el electrón por él, el aparato me dice si la flechita apunta hacia arriba o hacia abajo.

Pero en mecánica cuántica podemos tener un electrón en la superposición de «apunta hacia arriba» y «apunta hacia abajo». ¿Qué pasa si el electrón llega al aparato de medida que actúa en la dirección vertical? La mecánica cuántica nos dice que mediremos el espín hacia arriba en el 50% de los casos, y hacia abajo en el otro 50% de los casos. En este caso, el espín original era superposición de *arriba* y *abajo* y, tras la medida, colapsa a una de las dos opciones con un 50% de probabilidad. Hasta aquí, este es el contenido de los postulados. ¿Podemos utilizar este comportamiento para detectar a un espía? ¿Podemos intentar utilizar el espín como si fuera el papelito atrapado en la puerta que delata al espía?

Alice, Bob y Eve

La situación real de un mensaje tiene tres protagonistas: Alice, que quiere enviar un mensaje secreto, Bob, el destinatario del mensaje, y Eve, que quiere espiar el mensaje. Es tradicional en el mundo de la criptografía utilizar estos nombres —Alice, Bob, Eve—, de forma que es ágil discutir el detalle del protocolo. Todos sabemos que Alice y Bob quieren comunicarse de forma segura, y que Eve quiere interferir. En honor al mundo de la investigación, mantendremos los mismos nombres en nuestra discusión.

Alice crea un mensaje con unos y ceros. Cada 1 o 0 corresponderá a un estado de espín del electrón. Tanto Bob como Eve desean leer el mensaje. Ambos tendrán aparatos de medida. Alice y Bob ignoran si existe Eve, pero deben seguir un protocolo de comunicación que delate la posible presencia de Eve.

Imaginemos que no existe Eve. La comunicación sería muy sencilla. Bastaría que Alice enviase un espín *arriba* para el 1 y un espín *abajo* para el 0. Bob colocaría su aparato de medida en la dirección vertical e iría observando espines *arriba* y *abajo*. Alice y Bob habrían logrado comunicarse. Pero esta forma no es segura. Si Eve interfiere y coloca su aparato de medida en la dirección vertical, obtendrá los mismos resultados que Bob. Tras leer el resultado, envía el resultado de su medida directamente a Bob. Bob lee el mensaje sin darse cuenta de que Eve lo ha interceptado. Para lograr comunicación secreta, Alice y Bob deben idear un protocolo más sofisticado.

Criptografía BB84

El primer protocolo cuántico seguro fue ideado por Charles Bennett y Gilles Brassard en 1984. En su honor, este protocolo recibe el nombre de criptografía cuántica BB84.

La idea es genuinamente original. Alice enviará espines en dos posibles opciones y Bob medirá también dos posibles opciones. Para ser precisos, Alice codificará el 1 como *arriba* y también como *derecha*, y el 0 como *abajo* y también como *izquierda*. Cada vez que tenga que enviar un qubit, escogerá al azar si usa la opción *arriba-abajo* o la opción *derecha-izquierda*. Bob, por su parte, colocará su aparato de medida a veces en la dirección vertical, otras en la horizontal.

Esta forma de proceder hace que muchos envíos sean inútiles. Veamos un ejemplo. Alice envía un 1 codificado como *arriba*, pero Bob mide en la dirección horizontal. En consecuencia Bob leerá *derecha* con el 50% de probabilidades e *izquierda* con el otro 50%. Mida lo que mida, no podrá saber lo que Alice le envió porque observaría exactamente la misma proporción si Alice hubiese enviado un espín «bajo». En cambio, si Bob mide en la misma dirección que Alice ha usado para codificar, todo funciona correctamente.

Para establecer la comunicación basta que Bob diga públicamente en qué dirección mide. Alice, que sabe en qué dirección ha codificado, le dice si ese qubit es fiable o no. Es fácil calcular que el acuerdo entre Alice y Bob se produce en el 50% de las veces. Por cada dos qubits enviados, en promedio uno será útil para establecer la comunicación.

Delatando a Eve

Pero ¿de qué forma este nuevo protocolo permite descartar la existencia de Eve?

Esta es la parte verdaderamente astuta del protocolo BB84. Imaginemos que Alice codifica un 1 usando el qubit *arriba* y que Bob ha decidido medir en la base *arriba-abajo.* La situación es perfecta y Bob debería medir *arriba,* exactamente lo que Alice quiso enviar.

Pero Eve no tiene forma de saber en qué base mide Bob. Debe asumir un riesgo y escoger una base. Toma al azar la base *derecha-izquierda.* Al medir proyecta el espín en *derecha,* que tenía una probabilidad del 50%. Reenvía el qubit *derecha* a Bob pretendiendo que ella nunca ha intervenido. Pero Bob recibe un qubit *derecha* que mide verticalmente. Luego en el 50% de las veces medirá *arriba* y en el otro 50% medirá *abajo.* Lo notable es que puede medir *abajo* cuando Alice había enviado *arriba* y él mide verticalmente. Se ha producido una doble proyección. Para que eso suceda, debe existir Eve.

La doble proyección de la función de onda delata la existencia de Eve. La acción de Eve modifica el estado, colapsa la función de onda de forma incontrolable. Por eso Alice y Bob han ideado un protocolo que delata la existencia de Eve.

Se puede analizar en detalle el protocolo y ver que si Eve interfiere, un 25% de los qubits sufren doble proyección. De esta forma, Alice y Bob pueden ser todavía más finos. Si Eve existe, Alice y Bob observarán exactamente un 25% de qubits invertidos.

No hay nada que Eve pueda hacer para ocultarse. Si la mecánica cuántica es cierta, Eve será siempre descubierta.

Criptografía cuántica práctica

Los ordenadores cuánticos matan a la criptografía clásica RSA. Pero podemos sustituir toda la criptografía clásica por la cuántica. ¿De verdad podemos? La respuesta no es sencilla.

Para aplicar el protocolo BB84 necesitamos emplear canales cuánticos. Necesitamos que la información quede codificada en electrones o fotones con propiedades cuánticas bien definidas. El mejor candidato para tener criptografía cuántica es el uso de fotones que viajan por fibras ópticas. Pero hay un buen número de inconvenientes prácticos.

En primer lugar, la criptografía cuántica requiere conexiones punto a punto, directas, sin opción de utilizar repetidores. No disponemos todavía de repetidores cuánticos. Los fotones que llevan la información codificada no pueden ser alterados. Esto limita la comunicación a distancias de decenas de kilómetros, lo que afortunadamente incluye todas las transacciones dentro de una ciudad.

Otra barrera que la criptografía cuántica ha de superar es la inercia por la que todas las empresas y administraciones desean soluciones basadas únicamente en software. La criptografía cuántica requiere hardware cuántico. Necesita inversión. Mientras no sea absolutamente necesario, mientras no haya ordenadores cuánticos a disposición de potenciales enemigos, las empresas tenderán a mantener su modo de funcionamiento. Sin embargo, el día en que un ordenador cuántico entre en funcionamiento, el cambio de tecnología debe ser rápido si no instantáneo, en particular en el negocio bancario y en el de servicios con transacciones económicas.

Criptografía por satélite

Un desarrollo cuántico magnífico reside en la posibilidad de utilizar otro tipo de protocolo cuántico seguro llamado Ekert91 (en honor de su creador, Artur Ekert). La idea es diferente de la del protocolo BB84.

En el protocolo Ekert91 aparece un nuevo protagonista, Charles. Charles crea parejas en superposiciones cuánticas muy precisas que llamamos *estados máximamente entrelazados*. Luego envía una parte del estado a Alice y la otra a Bob. Cuando Alice y Bob reciben su parte del estado, lo miden y proyectan la función de onda. Dadas las correlaciones cuánticas de los estados empleados, Alice y Bob miden exactamente lo mismo. Logran así compartir una clave.

¿Cómo pueden Alice y Bob detectar a la espía Eve? La forma de hacerlo requiere un teorema profundo de la mecánica cuántica llamado *desigualdad de Bell.* Si Eve no ha interferido, las correlaciones que miden Alice y Bob violan una cierta desigualdad matemática. Si Eve interfiere y proyecta la función de onda, la desigualdad de Bell no es violada. Alice y Bob pueden medir siempre que deseen las correlaciones de los estados que comparten para descartar la presencia de un intruso.

El gran punto a favor de la criptografía Ekert91 es que Charles puede ser un satélite. El satélite envía parejas sobre la Tierra, una parte a Nueva York y la otra a Singapur. Así, Alice y Bob pueden establecer conexiones seguras a distancias planetarias.

China puso en órbita el primer satélite con criptografía cuántica en agosto del año 2016.

Criptografía poscuántica

Existe una posibilidad de que no sea necesario cambiar todos los aparatos de comunicación para establecer una criptografía cuántica. Bastaría con hallar un nuevo tipo de algoritmos diferente a la factorización de grandes números que fuese resistente a los ataques de un ordenador cuántico. Esta posibilidad recibe el nombre de criptografía poscuántica.

Existen ideas matemáticas que ofrecen propuestas para establecer protocolos poscuánticos. Pero, hasta la fecha, nadie ha logrado demostrar su robustez frente a la enorme potencia de un ordenador cuántico.

La situación es delicada. ¿Puede una empresa apostar por los candidatos de criptografía poscuántica? Si lo hace, debe invertir en cambiar todos los protocolos de comunicación. Es cierto que esta inversión es menor que la necesaria para utilizar criptografía cuántica. Pero puede darse el caso de que en poco tiempo alguien dé con un algoritmo que rompa esta nueva criptografía poscuántica.

El desconcierto sigue presente en el mundo de la criptografía.

3
—
PRECISIÓN

Un ascensor difiere enormemente de otro ascensor que fue construido de forma idéntica. Cada uno de los ascensores puede tener fisuras, cambios de densidad en sus piezas, distancias entre sus partes ligeramente mayores o menores; ambos pueden distinguirse por un sinfín de detalles que un mecánico detectaría inmediatamente.

Siguiendo la misma lógica, la construcción de cualquier objeto grande está sujeta a variaciones difíciles de controlar. Nunca dos coches, dos sillas o dos bolígrafos serán idénticos. Esta limitación incluye también a todos los aparatos de medida. Si queremos construir un reloj que mida el tiempo o una brújula que detecte el norte magnético, ambos aparatos no serán precisos si están construidos con elementos grandes.

Lo grande está compuesto de muchos elementos pequeños. Raramente lo grande es preciso.

Dos átomos, en cambio, son siempre idénticos. Ambos vienen descritos por la misma ecuación de Schrödinger. Ambos absorben fotones en las mismas frecuencias, pesan lo mismo y reaccionan a todas las acciones externas de la misma manera.

La diferencia entre la imperfección de un ascensor y la perfección de un átomo está en el número de sus componentes y en las leyes que los rigen. Por ello, si deseamos precisión debemos ir al reino de lo más pequeño. Debemos utilizar átomos y las leyes cuánticas que los describen.

La mecánica cuántica proporciona los aparatos de medida más precisos que podemos imaginar.

Atrapar un átomo

Hoy en día podemos atrapar y aislar uno o varios átomos. Parece increíble que el hombre sea capaz de localizar y retener un objeto que solo se extiende una diezmilmillonésima parte de un metro.

Para lograrlo, procedemos de una forma muy astuta. Creamos una trampa con campos electromagnéticos focalizados en una zona muy, muy pequeña. Luego quitamos un electrón a los átomos que deseamos atrapar, y los ionizamos. Al lanzar los átomos sobre la trampa, podemos retener a un número determinado de iones siendo cuidadosos en nuestras manipulaciones.

Una vez hemos atrapado al ión, podemos jugar con él. Podemos, por ejemplo, iluminarlo con luz de diferentes longitudes de onda y observar cómo reacciona. Si enviamos un fotón, un único fotón, que tenga la energía exacta que permita a un electrón cambiar de orbital, entonces ese fotón es absorbido. También veremos como el fotón vuelve a emerger para que el electrón se desexcite y recupere su estado inicial.

Podemos atrapar varios átomos en la misma trampa. Los podemos alinear, separar, acercar, hacer vibrar. Podemos hacer que interaccionen entre sí.

Le hemos abierto el camino a la ingeniería de los átomos individualizados.

Ultraprecisión

Queremos ir más allá. Queremos relojes un millón de veces más precisos que los atómicos actuales. Ya hemos construido estos relojes impresionantemente más precisos en nuestros laboratorios, pero aún no los utilizamos comercialmente.

La idea para construir relojes un millón de veces más precisos que los del sistema GPS consiste en utilizar átomos que tengan una transición con una frecuencia más elevada. A mayor frecuencia, mayor número de ciclos por segundo, mayor resolución. Una frecuencia grande puede dar lugar a un reloj mucho más preciso si logramos estabilizarlo. Los candidatos actuales se basan en emplear una frecuencia óptica en átomos como los de aluminio. Es necesario, además, que la señal sea estable y que los relojes sean baratos de producir. El camino que va del descubrimiento a la comercialización es lento, pero imparable. En el futuro usaremos relojes ultraprecisos de forma rutinaria.

Los primeros relojes atómicos de nueva generación, ultraprecisos, les abren la puerta a aplicaciones inusitadas. ¿Qué haremos con un reloj un millón de veces más preciso que los relojes atómicos actuales? ¿Podremos localizar objetos a escalas submilimétricas? ¿Para qué lo usaremos?

Sensores cuánticos

Existen muchas otras ideas para afinar la precisión de nuestros aparatos de medida. Se están construyendo nuevos giróscopos, nuevos nanosistemas optomecánicos, nuevos gravímetros, nuevos acelerómetros, todos basados en principios genuinamente cuánticos en su esencia más íntima.

Disponemos ya de aparatos que permiten medir la atracción gravitatoria con enorme precisión. Estos aparatos aumentarán todavía más su precisión al aprovechar el control cuántico de átomos y será posible detectar cambios de gravedad muy pequeños. Hoy en día, nuestro teléfono puede medir la gravedad porque lleva un gravímetro. La tecnología actual para medir aceleraciones es barata y bastante precisa. Sirve, por ejemplo, para disparar un airbag en un accidente o para analizar si nuestro teléfono sufre una aceleración.

La nueva generación de gravímetros cuánticos promete ser mucho más precisa que las técnicas empleadas hasta ahora. Una de las ideas que se utilizan es medir la aceleración de átomos enfriados por láseres hasta temperaturas de microkelvin. Los nuevos gravímetros cuánticos podrán detectar la presencia o ausencia de grandes masas cercanas. Podremos, por ejemplo, saber si hay un agujero bajo nuestros pies. Podremos sondear la Tierra sin penetrarla. Nada puede apantallar la gravedad. Si disponemos de gravímetros precisos, tenemos un microscopio para analizar el planeta Tierra.

Otro ejemplo de precisión: la medida de los campos magnéticos. Necesitamos medir campos magnéticos en minería, en navegación, en un sinfín de aplicaciones inmediatas y de investigación avanzada. Se barajan hoy en día diversas formas de emplear principios cuánticos para mejorar estas medidas. Es este un campo de amplias aplicaciones y de realidades comerciales.

Humilde precisión

La búsqueda incesante de precisión puede parecer una lucha para mentes poco románticas. La realidad es bastante diferente. Todos los científicos, teóricos y experimentales, tienen un enorme respeto por los resultados precisos, por los aparatos de medida refinados. Son los resultados precisos los que descartan teorías incorrectas. Sin precisión, no hay progreso.

William Thomson (primer barón de Kelvin y conocido como lord Kelvin), que fue el creador de la escala absoluta de temperaturas, dijo lo siguiente:

> Las medidas precisas y detalladas parecen a la imaginación no científica un trabajo menos elevado y digno que la búsqueda de algo nuevo. Pero casi todos los grandes descubrimientos son el premio a medidas precisas y al lento y paciente trabajo de análisis de datos.

Bien vale la pena romper una lanza en favor del trabajo lento que lleva a la precisión. La nueva generación de sensores será cuántica, será impresionantemente precisa. Esta nueva ola de aparatos de medida pavimentará el camino hacia la construcción de nuevos ingenios.

La investigación básica de hoy es el instrumento de trabajo de mañana.

La revolución silenciosa está en la precisión.

4

SIMULACIÓN CUÁNTICA

Los humanos aprendimos a contar el tiempo de formas muy originales. Creamos relojes basados en el movimiento del agua que circula por un ingenioso sistema de canales dotado de pequeños saltos y ocurrentes depósitos intermedios. Inventamos la clepsidra, un instrumento que nos permitió medir el tiempo. También inventamos el reloj de arena. En este caso, la caída de finos granos de arena a través de un cristal que tiene una parte angosta permite calcular el paso del tiempo. Si nos centramos en contar el tiempo, un reloj de arena simula a una clepsidra y viceversa. Poco importa que el rozamiento de la arena sea fundamental en un caso y ni siquiera exista en el otro. Los dos sistemas siguen leyes diferentes pero resultan prácticamente equivalentes cuando se trata de medir el tiempo.

La idea de utilizar sistemas que obedecen leyes diferentes para que uno simule el otro es ancestral. Es el extenso concepto de *simulación*. En simulación es irrelevante el comprender en detalle las leyes de un sistema. Basta saber manipularlas para lograr algo efectivo. Podemos medir el tiempo con un reloj de arena, con una clepsidra, con un péndulo o con un sistema de engranajes y muelles. Uno simula el otro a efectos de ser un reloj.

Un ejemplo más agresivo. Tomemos el comportamiento de los electrones en el silicio. Podemos diseñar el entorno del semiconductor y añadir conectores de forma que el comportamiento de un electrón reproduzca exactamente el que corresponde a una puerta lógica. Al construir un transistor, las leyes que lo rigen sirven para simular un cálculo. Esas leyes no saben de sumas o restas. Somos nosotros quienes las aprovechamos para que den resultados de operaciones matemáticas.

El reto en el mundo cuántico es espectacular. ¿Podemos aprovechar las leyes de ciertos sistemas cuánticos para simular otras leyes que nos interese analizar? La respuesta es sí, tanto como sea capaz nuestra imaginación.

Superconductividad

El primer éxito experimental en simulación cuántica fue el de lograr que un sistema de átomos en un gas ultrafrío se comportase como un conjunto de electrones que muestren la propiedad de superconductividad en un sólido. No hay transporte de carga eléctrica en el mundo de los átomos fríos, pero las leyes de la transición entre la no-superconductividad y la superconductividad son fielmente reproducidas por esos átomos.

El montaje de este experimento es laborioso. Primero hay que crear un gas ultrafrío. Para lograrlo se utilizan técnicas de enfriamiento clásicas, luego se utilizan láseres que aprovechan el efecto Doppler y luego se utiliza evaporación libre. El gas llega a cientos de nanokelvin. Después, este gas es atravesado por láseres de forma que se crea un retículo óptico. Los átomos se acomodan en los pozos de este retículo óptico. Es posible manipular los láseres para que los átomos, o bien queden atrapados en los pozos del retículo, o bien puedan saltar de pozo en pozo simulando la superconductividad.

La simple idea de que un gas cuántico simule las leyes de la superconductividad es admirable.

Eficiencia cuántica

Si el objetivo es estudiar la superconductividad, ¿por qué no intentamos simular estos sistemas en ordenadores clásicos? Este es un punto relevante: la simulación de sistemas cuánticos en ordenadores clásicos es lenta, costosa, terriblemente inadecuada. En cambio, otros sistemas cuánticos comparten propiedades como la superposición, el entrelazamiento o la decoherencia. Un sistema cuántico es un candidato natural para simular otro sistema cuántico.

La idea de utilizar la propia mecánica cuántica para simular sistemas cuánticos fue propuesta por Richard Feynman. Podemos rescatar una de sus genuinas expresiones, de 1982:

> La naturaleza no es clásica, maldita sea, y si deseas hacer una simulación de la naturaleza será mejor que la hagas usando la mecánica cuántica. Y vaya problema maravilloso, porque no parece nada fácil.

El hecho cautivador es que la mecánica cuántica ofrece un instrumento eficiente para analizarse a sí misma.

La simulación cuántica puede parecer el pariente pobre de la computación cuántica. Pero sería un error caracterizarla de esa manera. Una mejor imagen es pensar en la simulación cuántica como un familiar muy imaginativo, poco ortodoxo, que puede llegar muy lejos.

Locuras cuánticas

No faltan ideas para simular fenómenos cuánticos de la más variada índole. Un ejemplo notable es la posibilidad de simular campos electromagnéticos artificiales. Es posible hoy en día crear situaciones donde los elementos cuánticos se comportan como si estuviesen inmersos en un campo electromagnético. No existe ese campo electromagnético, dado que lo podemos simular empleando rotaciones del sistema cuántico. Podemos, pues, simular la existencia de campos magnéticos artificiales y ver como aparecen vórtices de materia, que es un fenómeno esperable en esa situación. Además, podemos simular campos intensos o débiles a nuestra voluntad. Podemos estudiar las leyes de la física fuera del dominio natural que nos ofrece la naturaleza.

Podemos tratar de simular cualquier tipo de ley cuántica, sea para estudiar partículas elementales, física nuclear, física atómica y molecular, materia condensada o una interacción luz-materia de cualquier tipo. Cada ley es diferente y debe ser emulada en un sustrato cuántico adecuado. Los éxitos actuales vienen de la simulación de sistemas de materia condensada, pero la extensión de la simulación cuántica es imparable.

En una nota más alocada, es también posible simular el comportamiento cuántico de la materia en presencia de campos gravitatorios artificiales, o simular el comportamiento de sistemas en dimensiones imaginarias extra. Es posible simular topologías imaginarias. Casi todo es posible en el reino de la simulación cuántica.

Química cuántica

¿Cuál es la apuesta más ambiciosa en el mundo de la simulación cuántica? La química cuántica.

Predecir las propiedades de moléculas es un problema extremadamente difícil. Las ecuaciones que rigen la física molecular son conocidas, pero su solución resulta muy laboriosa porque las ecuaciones diferenciales que aparecen requieren un enorme poder de cálculo para resolverlas. Tanto es así que el diseño de fármacos o el estudio de materiales topa con problemas de cálculo que superan a los ordenadores clásicos.

Una apuesta apasionante en este ámbito es intentar simular las propiedades químicas de una molécula mediante la simulación cuántica. No deseamos resolver las complejas ecuaciones que rigen a la molécula: nos basta con hallar un sistema controlable que simule las interacciones relevantes de la molécula. Si lo logramos, podemos descubrir qué formas adoptarán las moléculas, cómo se estructuran sus niveles energéticos, cómo reaccionan a acciones externas.

La simulación cuántica de la química cuántica es, sin duda, una apuesta magnífica para avanzar en la ingeniería de medicamentos o la caracterización de nuevos materiales.

Imaginación

Se atribuye a Sexto Julio Frontino, senador romano del siglo I, la frase: «Hace tiempo que las invenciones han llegado a su límite; no veo ninguna posibilidad de nuevos desarrollos». Pocas opiniones pueden contener tanto error en una forma tan concisa. Frontino fue un hombre muy capaz, ingeniero, gobernador, responsable del agua. Escribió sobre el arte de la guerra y también sobre el acueducto de Roma, mundos donde el margen de error debía ser pequeño y en que las innovaciones eran difíciles de ensayar. Frontino fue un hombre inteligente, pero no vio lejos.

Cada generación infravalora la imaginación de la siguiente generación.

Afortunadamente, no todo el mundo es tan obcecado frente a la capacidad de crear nuevas ideas. Voltaire decía muy acertadamente que ningún problema podía resistir el asalto del pensamiento perseverante. La simulación cuántica es un enorme caldo de cultivo de ideas inesperadas, de ataques nuevos a viejos y nuevos problemas. Es cierto que cada vez comprendemos mejor qué problemas son difíciles y cuáles son asequibles. Pero la imaginación obrará milagros.

4

Mi futuro cuántico

El futuro es cuántico.

¿Cómo me afectará a mí, a usted, a cada uno de nosotros la segunda revolución cuántica?

Retrocedamos en el tiempo y pensemos en cómo se vieron afectados los trabajadores del siglo XIX cuando se produjo la Revolución industrial. También podemos recordar la transición de una sociedad basada en el papel a otra digitalizada en la nube. Los efectos son tan extensos que es difícil decir qué pasó primero, quién quedó rápidamente afectado y quién vio su negocio desaparecer a causa de nuevas formas de ganar dinero.

Parece razonable especular sobre el futuro cuántico a diferentes niveles. Podemos hablar del cambio que puede producirse en primera persona, del cambio en nuestro sistema económico y, finalmente, del cambio político a escala planetaria. El pasado nos dice que una revolución tecnológica importante afecta necesariamente a todos estos ámbitos.

Los siglos XX y XXI se han caracterizado por una aceleración en la adopción de nuevas tecnologías. Hasta hace años, sustituir una carta por un fax parecía un portento de progreso. Cambiar de teléfono era algo que no entraba en los planes de una persona razonable. Una máquina de escribir estropeada se llevaba a arreglar. Todo ha cambiado. Vivimos en el vértigo. No reparamos, sustituimos por algo más moderno. No escribimos en papel, toda la información es digital. Devoramos información porque es ubicua; está en la nube y nosotros vivimos en esa nube.

Es acertado decir que los cambios que pueda traer la mecánica cuántica, cuando lleguen, serán abruptos. No habrá tiempo para adaptarse. Aquellos que sean jóvenes o quienes estén bien informados de antemano sabrán reaccionar. En cambio, aquellos que se encierren en su ámbito local, se empecinen en no comprender la esencia de los cambios, pueden sentirse como una persona que en su día tuvo una tienda de alquiler de vídeos. Aquel negocio funcionó, pero el progreso tecnológico lo hizo obsoleto abruptamente.

La mecánica cuántica seguirá instalándose en nuestras vidas sin pausa.

Manipulación informativa

El gran debate sobre el futuro cuántico requiere una disculpa previa sobre el sensacionalismo en la información científica.

Quisiera que estas palabras no parezcan exageradas o sensacionalistas. Estamos tan rodeados de noticias sacadas de contexto y manipuladas en extremo que no es sencillo transmitir la relevancia objetiva de un nuevo avance científico. Estamos ya acostumbrados a oír hablar de fantásticas soluciones para enfermedades, nuevas formidables formas de almacenar energía o avances intimidantes en inteligencia artificial. Estamos tan acostumbrados a la manipulación informativa que nos convertimos en escépticos. Nos es difícil discernir lo que es relevante de lo que no lo es y, paradójicamente, optamos por no creer nada. Hacemos oídos sordos a todo nuevo anuncio de progreso disruptivo.

Un daño colateral de la forma sensacionalista de presentar noticias es que muchos científicos se esconden. Prefieren el anonimato y el respeto de sus pares a una arriesgada exposición pública. Se rompe la comunicación fidedigna entre los resultados obtenidos en los laboratorios más avanzados y la sociedad. A veces —y eso es lo peor—, los propios científicos caen en el sensacionalismo empujados por la presión que ejercen las agencias financiadoras de la investigación para dar visibilidad a sus resultados. En este capítulo se intenta transmitir la idea de que la construcción de ordenadores cuánticos es un salto científico real de consecuencias imprevisibles.

Mi futuro cuántico

¿Cambiará dramáticamente mi día a día cuando las nuevas tecnologías cuánticas aporten sus aplicaciones? La respuesta es doble: no y sí.

No. Cada uno de nosotros está pendiente de su teléfono. ¿Tendremos nueva tecnología cuántica en nuestro teléfono? Lo más probable es que la respuesta sea no. El control cuántico de átomos y luz es útil en muchos contextos, pero no cambia la forma de hacer una *app*. Seguiremos sujetos a nuestro día a día, a nuestros intentos de socializar, ser amados, compartir el camino de la vida con un ser querido. Nada de eso va a cambiar.

Pero podemos responder lo contrario. Sí. La mecánica cuántica podrá estudiar nuevos fármacos que pueden alargar nuestras vidas. También podremos usar computadores cuánticos que tal vez entrenen redes neuronales masivas. Ellas llevarán el control de una parte importante de nuestra sociedad. Tal vez el diseño óptimo del tráfico de coches autónomos necesite de la gran potencia de cálculo que da un ordenador cuántico.

Sí otra vez. La mecánica cuántica afectará los tipos de trabajo que desempeñaremos. Es muy probable que la conjunción de tecnologías cuánticas y de inteligencia artificial dé lugar a una sociedad con una necesidad baja de trabajadores. No creo que sea sostenible el capitalismo actual, basado en que todo el mundo debería trabajar casi cuarenta horas a la semana. No habrá trabajo para tanta gente. El ocio, el entretenimiento, o su necesidad, seguirá creciendo.

Negocio cuántico

La mecánica cuántica permite construir ordenadores cuánticos capaces de desencriptar la criptografía que empleamos hoy en día.

¿Qué secretos almacenados en las empresas quedarán expuestos a la luz pública?

Muchas empresas que basan su negocio en datos de personas y de transacciones no pueden quedar expuestas al ataque de un ordenador cuántico. No es obvio cómo han de proceder. ¿Deberían tomar ya las riendas y apostar por la criptografía cuántica? Posiblemente sí. Es razonable aconsejar a cualquier ejecutivo de alto nivel que haga pruebas de cómo adaptar la criptografía cuántica en su empresa. Es también aconsejable que tenga buena información sobre los avances en criptografía poscuántica.

Las empresas se verán obligadas a invertir en ciberseguridad de nueva generación. Esto no debería ser algo extraño. Es razonable que una tecnología sea amenazada por otra y, en consecuencia, sea necesario dedicar una parte de los beneficios de la empresa a estudiar a fondo la solución a cualquier amenaza. Toda empresa debería estar informada de los avances científicos que pueden alterar su negocio. La mecánica cuántica debería ser parte de la información que se transmite en las escuelas de negocios.

Por otra parte, es muy probable que los Estados tomen cartas en el asunto y obliguen por ley a que las empresas garanticen protección total en el tratamiento de los datos privados de sus clientes. La ciberseguridad que garantice privacidad absoluta se impondrá por sentido común, por necesidad empresarial y por imperativo legal.

Existe otro tipo de influencia directa por parte de la mecánica cuántica sobre el mundo empresarial. Aparecerán nuevas empresas especializadas en el aprovechamiento de las leyes cuánticas. Sin duda, la ciberseguridad cuántica acaparará una parte de las iniciativas empresariales importantes. Pero también veremos aparecer empresas basadas en computación cuántica, con aplicaciones directas en el diseño de materiales, en medicamentos y en inteligencia artificial. Serán también importantes las iniciativas ligadas a las medidas precisas. Tendremos nuevas empresas que aportarán formas de determinar aceleraciones, campos magnéticos o posicionamiento de forma muy precisa. Estas y otras ideas que ahora no sabemos adivinar llegarán en forma de nuevas empresas. La lucha entre las viejas tecnologías y las nuevas será dura.

El futuro negocio cuántico crecerá, nos guste o no, porque el futuro de nuestra tecnología es cuántico.

Política cuántica

¿Quedará alterado el orden político del planeta? Quien desarrolle la nueva generación de tecnologías cuánticas puede no estar sujeto a leyes democráticas o a controles éticos. Un gran debate se abre ante nosotros.

La política se verá afectada por el progreso cuántico por varios motivos. En primer lugar, la segunda revolución cuántica aumenta la brecha entre países desarrollados y no desarrollados. No es sencillo crear tecnología cuántica. El control atómico es un arte refinado. Crear una bomba atómica es relativamente sencillo, pero crear un ordenador cuántico es muy difícil. Solo aquellos países que inviertan fuertemente en tecnologías cuánticas llegarán a niveles de influencia política relevante.

Un segundo elemento político disruptivo procede del potencial uso maligno de las tecnologías cuánticas. Los grandes bloques estructurados en torno a Estados Unidos, China y Europa no compartirán sus descubrimientos. El avance en desarrollos en mecánica cuántica aparecerá como una carrera armamentística. Tener un ordenador cuántico antes que los demás será una meta esencial de las inversiones públicas.

¿Cuándo?

¿Cuándo quedarán expuestos nuestros mensajes? ¿Cuándo veremos cambios en la seguridad, en el cómputo, en la medición? ¿Cuándo tendremos un ordenador cuántico potente?

Nos encontramos en los primeros estadios de la construcción de ordenadores cuánticos. Manipulamos ya decenas de átomos bajo estricto control cuántico. Se han realizado ya numerosas pruebas de concepto, que implican el control detallado de un par de decenas de qubits. Para romper los códigos criptográficos, necesitamos miles de átomos bajo control estricto. Se podría decir que estamos lejos de tener una tecnología robusta. Pero es cierto que el desarrollo reciente ha sido mucho más rápido de lo esperado.

Es previsible que el desarrollo de ordenadores cuánticos le parezca lento al mundo empresarial y al político, siguiendo los tiempos del progreso científico riguroso. Pero también es muy posible que el progreso sea vertiginoso y haga rápidamente obsoletos estos comentarios.

La pregunta no es ¿cuándo?, sino ¿quién?

La construcción de un ordenador cuántico da una ventaja política y comercial inimaginable a quien lo desarrolle. ¿Qué sucedería si China o Rusia dispusieran de un ordenador cuántico que pudiera descifrar todos los mensajes políticos enviados en Estados Unidos? ¿Cómo reaccionaría la economía mundial a que todos los mensajes corporativos de las grandes empresas estuvieran en manos de unas pocas personas? ¿Qué reacciones pueden seguir al descifrado de mensajes políticos pasados, que han sido almacenados quién sabe dónde y por quién? ¿Cómo mantendremos nuestras pequeñas finanzas si sabemos que las transacciones con nuestro banco no son seguras?

La gran pregunta sobre la construcción de un ordenador cuántico no es *cuándo* llegará, sino *quién* lo conseguirá.

¿Será el primer ordenador cuántico propiedad de una empresa, de una nación, de un grupo de científicos?

¿Qué leyes intentarán controlar el uso de los ordenadores cuánticos?

¿Tiene sentido intentar acotar el progreso científico?

¿Estamos preparados para un futuro cuántico?

Podemos establecer una analogía entre la situación actual y el momento en que Estados Unidos lanzó el Proyecto Manhattan para construir una bomba atómica. En el año 1938, Otto Hahn y Fritz Strassmann observaron por primera vez la fisión nuclear, que fue inmediatamente descrita por Lise Meitner y Otto Robert Frisch. En aquel instante quedó abierta la posibilidad de generar un arma terrible si se propiciaba una reacción en cadena de fisiones nucleares. Tanto Alemania como Inglaterra y Estados Unidos tenían científicos potencialmente capaces de explorar esa posibilidad. El 9 de octubre de 1941, el presidente de Estados Unidos Franklin D. Roosevelt autorizó el desarrollo del Proyecto Manhattan y estableció el corazón de su desarrollo teórico en Los Álamos.

Estados Unidos llegó primero a la bomba atómica. Esa bomba no fue utilizada para ganar la segunda guerra mundial, sino para iniciar la guerra fría. Cómo procedió Estados Unidos, con quién compartió y a quién ocultó sus logros fueron hechos determinantes para el desarrollo de la historia del siglo XX.

Quien construya un ordenador cuántico tendrá en su mano la posibilidad de compartirlo o de emplearlo de forma negativa. Viviremos un futuro lleno de incertidumbre.

5

La gran duda

La mecánica cuántica ha marcado a generaciones de científicos. El debate intelectual sobre sus principios se contrapone a la acumulación imparable de logros prácticos. Vivimos a caballo del éxito cuántico, aunque seguimos debatiendo con pasión los principios más básicos de la mecánica cuántica.

Cada uno de los científicos que trabajan en mecánica cuántica lleva en su corazón un apego irracional a algunas explicaciones de nuestro mundo que son superiores a la mecánica cuántica. No quisiera cerrar este texto sin implicarme en este sentido. Aquí vienen, pues, grandes dosis de opinión no validadas, ni compartidas por muchos colegas.

Los retos intelectuales que plantean los postulados cuánticos son de diferente magnitud. Por una parte, el hecho de establecer que la relación entre el hombre y la naturaleza se forje en términos de *información* me parece la forma más profunda de comprender el rol de la ciencia. No creo que el hombre tenga derecho a ir más allá. Nuestras teorías no son más que constructos, llenos de propuestas para describir los resultados de nuestras preguntas a la naturaleza. Nos informamos sobre ella. No tenemos acceso a su esencia profunda ni a su razón última.

En el mismo sentido, creo que la limitación en el conocimiento que emerge del propio proceso de medir es natural. No veo nada incorrecto en el principio de incertidumbre. Si medimos, alteramos. Toda pregunta hecha a la naturaleza conlleva un cambio de esta.

Al medir, nuestra información cambia abruptamente. Tampoco hay, para mí, ningún misterio en el colapso de la función de onda, que es una actualización de nuestra información del sistema.

El punto central, el que reviste mayor trascendencia desde mi punto de vista, es que la mecánica cuántica postula la aleatoriedad en el resultado de la medida. Según la mecánica cuántica, la naturaleza responde a los experimentos con un elemento intrínseco de azar. Este punto sí es conflictivo para mi forma de comprender la naturaleza. El mundo contiene azar. Toda interrogación de la naturaleza aporta azar puro, genuino. No es un azar aparente ni ligado a la falta de poder de cálculo o de comprensión de un sistema. Es azar puro.

Este azar cuántico da al traste con el determinismo.

Aquí mi corazón se enfrenta a mi razón.

Todos los experimentos confirman el mundo de probabilidades dictadas por los principios cuánticos. No hay resquicio aparente para el determinismo. Einstein no aceptó jamás esta idea. Para él, Dios no juega a los dados en el mundo atómico. Con o sin un dios, un conjunto de científicos nos sentimos incómodos con el azar cuántico.

De esta comezón intelectual que nunca cesa nace la idea de que la mecánica cuántica podría ser una teoría efectiva. ¿Qué significa que nuestra teoría cuántica sea efectiva? La mecánica cuántica podría ser una forma aproximada, gruesa, suficiente pero no fundamental de describir nuestro mundo.

Veamos un ejemplo de teoría efectiva. Deseamos entender los fenómenos asociados al calor. Para ello introducimos los conceptos de temperatura, de energía interna, de calor, estudiamos propiedades de materiales y vemos comportamientos comunes. Así se construyó la termodinámica. Es una teoría magnífica que permite comprender el funcionamiento de un motor, la propagación del calor o el comportamiento de los gases. Sin embargo, al analizar la materia a nivel más detallado podemos ver que la termodinámica es una teoría efectiva que emerge del movimiento de las partes más elementales de un sistema. Por ejemplo, podemos entender la temperatura de un gas como un promedio de las energías cinéticas de las partículas del gas. Cuando el sistema está compuesto de muchos elementos, las leyes de la termodinámica son perfectas. En cambio, si tenemos sistemas de pocas partículas, debemos buscar formas más refinadas de describir el sistema.

Es posible que la mecánica cuántica sea una teoría efectiva, una versión burda de una teoría mucho más refinada que desconocemos. Nos ha tocado vivir en este siglo en el que nuestro conocimiento se basta con las leyes cuánticas actuales. Tal vez en un futuro necesitaremos ideas más sofisticadas. Tal vez en una teoría superior a la mecánica cuántica no habrá azar.

Se puede y debe argumentar tanto a favor como en contra de esta idea. Si no hay crítica, hay prejuicio. Para evitar todo prejuicio debemos ser críticos tanto con la mecánica cuántica como con las ideas que la cuestionan. Es cierto que en mecánica cuántica hay experimentos muy sutiles que niegan el determinismo en su forma de elementos de realismo local. No tengo ninguna idea de cómo navegar ese mar. Los demás elementos de la teoría cuántica son, en mi opinión, muy asumibles.

Es justo decir que, al abandonar la ciudad de Cuántica, todos nos llevamos recuerdos y percepciones diferentes. Mi duda está bien definida:

Azar o determinismo: esa es la cuestión.

Apéndices

Verdades cuánticas

La mecánica cuántica se basa en axiomas, que son verdades indemostrables. Esta idea es discutida raramente en los libros de divulgación. Se suele presentar la ciencia como algo sólido, certero y cerrado. No es frecuente leer en detalle que todas las teorías científicas se sustentan en unos pocos principios indemostrables.

Creo que es necesario dejar buena constancia de la relevancia de un postulado. De ahí que todo este apéndice esté dedicado a la idea de las verdades indemostrables.

Verdades indemostrables

Un postulado es una verdad que aceptamos y que no sabemos deducir a partir de otra verdad más elemental.

Para nosotros, *axioma* y *principio* son sinónimos de *postulado*, de *verdad indemostrable.*

Un postulado es lo opuesto a un *prejuicio.* Un postulado está sujeto a crítica, a error, a refinamiento, a sustitución, porque en él se sustenta todo el edificio de una teoría y sus predicciones. Si un solo hecho contradice a un postulado, este debe ser reexaminado. En cambio, un prejuicio ataja toda discusión e impone su dictadura, porque no quiere ser cuestionado.

El postulado es fruto de la duda sistemática y de la capacidad de rectificar y aprender. El prejuicio se apropia de las mentes que temen la reflexión, que niegan la equivocación y buscan aferrarse a dogmas estériles.

Postulados cuánticos *versus* prejuicios clásicos

La mecánica cuántica se sustenta en unos pocos postulados. Gracias a ellos podemos describir la naturaleza con precisión exquisita. En un segundo estadio, nuestra comprensión de las leyes cuánticas nos permite desarrollar nueva tecnología. Podemos controlar la luz y crear láseres; podemos excitar núcleos atómicos y ver el interior del cuerpo humano con resonancias magnéticas; podemos crear circuitos con semiconductores, que son el corazón de los ordenadores.

Los postulados cuánticos han debido superar a los prejuicios clásicos. Para ganar esta gran guerra, los postulados cuánticos han sido cuestionados de forma feroz a lo largo de todo un siglo. Albert Einstein escribió repetidamente que, en su opinión, la mecánica cuántica es una teoría incompleta:

> La mecánica cuántica es impresionante. Pero una voz interior me dice que no es todavía la cosa real. La teoría produce mucho, pero no nos acerca a los secretos del Viejo.

A muchos físicos cuánticos nos encantaría charlar un buen rato con el Viejo, si existe.

Generación tras generación, se han diseñado nuevos experimentos para tratar de hallar fisuras en los postulados cuánticos. Pero la naturaleza se ha empecinado en confirmar la validez de estos axiomas, a pesar de Einstein.

Las disputas intelectuales sobre los postulados cuánticos, sobre su sentido, su necesidad y su certeza no dejan de sucederse. Decía el gran físico Richard Feynman que deberíamos avergonzarnos por nuestra pobre comprensión de la mecánica cuántica. No hay profesor de mecánica cuántica que no hable de su interpretación como del arcano más profundo que ha construido la humanidad.

La incesante búsqueda

Los postulados son el fruto de milenios de incesante búsqueda de explicaciones sencillas. Nunca dejaremos de refinarlos, incluidos los cuánticos.

¿Por qué llueve? ¿Cómo se mantiene unida una silla? ¿Por qué los polos de dos imanes se repelen o atraen? En cada pregunta hay un largo camino recorrido que explica de forma cada vez más simple un hecho que nos parece complejo. Recorramos uno de los ejemplos anteriores. Llueve porque el agua evaporada por el calor del Sol a la atmósfera llega a una zona fría, vuelve a su estado líquido, más denso, y cae. El agua tiene diferentes estados —gas, líquido, sólido—, que dependen de la fuerza de atracción entre sus moléculas y las velocidades que llevan. Las fuerzas de atracción del agua dependen de las ecuaciones del electromagnetismo cuántico aplicadas a sus átomos de hidrógeno y oxígeno. Estas ecuaciones pueden escribirse de forma sencilla y están sustentadas por un postulado básico que recibe el nombre de *simetría gauge*. Hasta ahí sabemos.

Un ejemplo más. En el medioevo, el prejuicio dominante era que la Tierra era plana. En el siglo XVI, los navegantes dieron la vuelta al mundo y descubrieron que la Tierra no era plana, sino esférica. ¿Cómo podían los hombres caminar sobre esa Tierra esférica en la antípoda? Porque los objetos caen hacia el centro de la Tierra. ¿Por qué los objetos caen hacia el centro de la Tierra? Isaac Newton formuló un postulado: dos masas se atraen con una fuerza que decrece según la distancia que los separa al cuadrado. De ese postulado se sigue tanto el porqué de la caída de los objetos sobre la superficie de la Tierra, como el porqué de las órbitas de los planetas. La pregunta natural pasa a ser: ¿por qué dos masas se atraen? Einstein cambió el postulado de Newton por uno mucho más sutil y que da pie a la *teoría de la relatividad general:* las leyes de la naturaleza no dependen de ciertos cambios en los sistemas de referencia. De este principio tan peculiar emergen todos los fenómenos gravitatorios, incluidos la formación y paradojas de agujeros negros. ¿Podremos reducir aún más este postulado? Seguramente será así, pero hoy en día no sabemos cómo reducir el postulado de la relatividad general a algo más sencillo.

La búsqueda de explicaciones más elementales no cesará nunca.

¿Qué es el universo?

Tomemos una pregunta más profunda: ¿por qué existe un universo? ¿Por qué hay *algo* en lugar de *nada*? Esa cuestión no tiene una respuesta en la mecánica cuántica. Con nuestras teorías basadas en postulados cuánticos, tendremos ecuaciones que nos dirán que lo que vemos se puede describir como si el universo hubiese sufrido una ubicua explosión inicial, un *Big Bang*. Pero las ecuaciones no nos dicen ni qué hubo antes del *Big Bang*, ni mucho menos por qué hubo un *Big Bang*, o por qué hay espacio-tiempo, o qué es el espacio-tiempo en un sentido profundo.

De verdad, la mecánica cuántica es una teoría humilde.

Pero también es una teoría magnífica porque describe todo lo que pasó desde un infinitesimal instante posterior al *Big Bang*. Describe cómo se crearon los protones, los átomos, cómo se aglomeraron y cómo dieron lugar posteriormente a galaxias. La mecánica cuántica dicta las proporciones de elementos en el universo que justifican que los humanos podamos existir, explica cómo brilla el Sol, predice cómo morirá el Sol. ¿Es o no es la mecánica cuántica una teoría magnífica?

Sencillez

La aparente sencillez de un postulado puede ser sorprendente. Giuseppe Peano en 1889 propuso, como primer postulado para construir los números naturales, lo siguiente:

0 es un número natural.

¿Puede un postulado ser más minimalista? Creo que no. En un acto romántico, Peano escribió sus postulados en *latino sine flexione*, una evolución simplificada del latín inventada por él mismo. Tal vez quiso rodear de belleza la singularidad de lo indemostrable.

Los postulados cuánticos son minimalistas y sorprendentes.

Postulados divergentes

Es concebible que existan distintas variantes válidas de un postulado que lleven a teorías diametralmente opuestas. Por ejemplo, el quinto axioma de Euclides dice que dos rectas paralelas no se cortan en el infinito. De esta verdad indemostrable parte la *geometría euclídea*. Podemos postular, en cambio, que ambas rectas sí se cortarán y así construir la *geometría elíptica*. Si postulamos una tercera opción en la que las rectas paralelas divergen, obtendremos la *geometría hiperbólica*. Todas estas geometrías tienen sentido matemático.

No existen variantes divergentes u opuestas de los postulados cuánticos porque la naturaleza ha escogido una única opción válida. A diferencia de las matemáticas abstractas en que una variante de un postulado da lugar a toda una estructura matemática correcta, los fenómenos naturales se rigen por unos postulados estrictos. No hay margen de juego.

Adiós a los prejuicios

Los postulados cuánticos son inesperados, sutiles, contraintuitivos, profundos, elegantes. Crean dudas, desconciertan, elevan la mente.

Los postulados cuánticos cambian a quienes los visitan porque estos se verán forzados a abandonar sus prejuicios.

¿Estamos preparados para abandonar nuestros prejuicios?

Matemáticas cuánticas

La mecánica cuántica utiliza un aparato matemático que no es conocido por el gran público. Las matemáticas de la mecánica cuántica amedrentan. Un buen curso de mecánica cuántica tiene extensos prerrequisitos de álgebra y análisis. Además requiere conocimientos sólidos de física clásica, electromagnetismo clásico, incluso una introducción a los primeros pasos de la mecánica cuántica desde el punto de vista del problema del cuerpo negro, del átomo de Bohr o de ideas de mecánica estadística. Todo ello requiere un gran esfuerzo intelectual. Solo aquellas personas que han estudiado carreras científicas duras saben de espacios de Hilbert, de ecuaciones diferenciales, de álgebras y simetrías.

Sin embargo, estos conceptos no son extremadamente difíciles o abstractos. Solo requieren paciencia y estudio. Vale la pena no temer las matemáticas de la mecánica cuántica. Los sedientos que se adentran en ellas reciben su merecido premio.

No sería justo cerrar este libro sin aliviar esa sed de saber de los más aventureros.

Espacios de Hilbert

Todo sistema físico tiene asociado un espacio de Hilbert, es decir, un espacio vectorial dotado de producto escalar y separable. La función de onda que contiene la información del sistema es un vector (o ket) del espacio de Hilbert.

Los espacios de Hilbert para describir la posición de una partícula deben contener estados de norma finita, dado que la función de onda es la densidad de probabilidad de hallar la partícula en un punto. Son los espacios de tipo $L^2(R^3)$. En cambio, los espacios de Hilbert finitos vienen asociados a propiedades como el espín de un electrón. En general, los espacios de Hilbert tienen vectores complejos. De ahí que sea posible observar fenómenos como la interferencia, o el espín, que corresponde a una representación compleja del grupo de rotaciones.

Operadores autoadjuntos

Los observables corresponden a la acción de operadores autoadjuntos, o hermíticos, donde la distinción es un matiz matemático. Esta propiedad garantiza que sus autovalores son reales y así podemos hacer contacto con la naturaleza. Nuestras observaciones son reales, corresponden a autovalores de operadores hermíticos.

De hecho, este punto matemático es bastante más sutil. Hay dos refinamientos a tener en cuenta. En primer lugar, no es necesario que un observable esté asociado a un operador cuyos autovalores sean reales. Lo correcto es asignar observables a proyectores. Estos proyectores pueden combinarse empleando pesos complejos. No hay contradicción en esta forma de proceder.

El segundo punto sutil implica una generalización de las medidas proyectivas que venimos de describir. El observable más general posible es una resolución de la identidad con proyectores no ortogonales, y recibe el nombre de *POVM (positive operator valued measurement)*.

Por último, todo estudiante de mecánica cuántica sabe lo difícil que es definir correctamente el operador posición, debido a que sus autofunciones naturales no son normalizables. Hay que hilar más fino y comprender la idea de convergencia de series de Cauchy y estados de medida nula. Esta parte de las matemáticas se hace tremendamente técnica, pero no afecta a los cálculos tradicionales que se validan en los laboratorios.

Proyección

El mundo técnico asociado a la comprensión del postulado de proyección es muy variado y no fundamental en el uso cotidiano de la mecánica cuántica. Los primeros escarceos para comprender esta sutil idea proceden de Von Neumann.

El postulado de proyección sigue siendo esquivo. Muchos lo vemos como un postulado efectivo, de uso práctico, pero de trasfondo inmenso.

Unitariedad

El postulado de evolución encierra varios secretos. El primero es comprender que la evolución de un sistema se describe mediante la acción de un operador unitario. Eso garantiza que las probabilidades que describe la función de onda sigan sumando 1 en cualquier tiempo. La forma concreta del operador unitario de evolución corresponde a la exponencial ordenada en el tiempo de un *hamiltoniano*. Este operador hamiltoniano describe las interacciones del sistema. En él debemos introducir las leyes concretas que deseamos describir, sean las del electromagnetismo, las de las interacciones fuertes, las de un oscilador o las de un conjunto de electrones en un superconductor.

La linealidad de la evolución unitaria es crucial para comprender el teorema de no clonado. No es posible construir una máquina cuántica que clone un estado que no sea conocido. Es admirable que el postulado de evolución y el de medida se combinen para no permitir artimañas, como el clonado masivo de un estado, para obtener más información sobre él. El no clonado también garantiza la imposibilidad de crear paradojas sobre la violación de causalidad en mecánica cuántica.

La mayoría de los sistemas de mecánica cuántica pueden comprenderse al hallar la función de onda. Esta queda descrita como el autoestado del hamiltoniano. Cuando el sistema está formado por partículas en el espacio, el problema de autoestados queda descrito por la célebre ecuación de Schrödinger. Es una ecuación diferencial. Hay que utilizar las matemáticas del análisis.

La aparición de la constante de Planck

Toda la mecánica cuántica toma carta de identidad cuando las transferencias de energía son pequeñas. De forma más precisa, si deseamos describir un fenómeno donde el cambio de energía multiplicado por el tiempo involucrado —cantidad que llamamos *acción*— es del orden de la constante de Planck, $\hbar$, en ese caso necesitamos de la mecánica cuántica. La constante de Planck aparece en dos lugares: en el operador unitario de evolución y en la no conmutatividad de ciertos operadores. Este segundo caso tiene como ejemplo estelar el hecho de que el operador posición y momento no conmutan, y de ese hecho se sigue el *principio de incertidumbre* de Heisenberg.

Más y más matemáticas

La mecánica cuántica se relaciona con varias ramas (o todas) de las matemáticas. Además de con el álgebra básica, las ecuaciones diferenciales y el análisis armónico, los estados cuánticos de sistemas finitos desvelan fuertes lazos con la teoría de códigos y las ideas de compresión y de redundancia en la teoría de la información clásica.

Cuando tratamos teorías de interacciones entre partículas elementales, los hamiltonianos implican simetría gauge, que enlaza con la teoría de grupos de Lie y, en una versión específica, con topología, teoría de nudos e incluso geometría algebraica. Hay un sinfín de ramas de la mecánica cuántica que tocan, cada una, algún aspecto de las matemáticas. Pero esta fructífera relación no es exclusiva de la mecánica cuántica: se halla presente en toda la física.

Interpretación de Copenhague

Para aquellos expertos en mecánica cuántica, confieso que he dejado de lado la interpretación bohmiana de esta teoría. También he dejado fuera del texto las ideas de universos paralelos.

El lector no experto debe saber que las interpretaciones de la mecánica cuántica no difieren en sus predicciones. Las interpretaciones se corresponden con la construcción mental que nos permite apropiarnos de las fórmulas que utilizamos. La versión aquí presentada corresponde a la interpretación de Copenhague, la escogida por la inmensa mayoría de los investigadores que utilizan mecánica cuántica y sus teorías derivadas, como la *teoría cuántica de campos*.

Una nota aclaratoria. Si usted ha oído hablar de universos paralelos y cree que en uno de los universos estalló una bomba y en el otro no, la pregunta de qué pasará cuando se reúnan ambos universos no tiene sentido. En la interpretación de universos paralelos, estos nunca se reúnen. Es una interpretación que no da lugar a ninguna situación extraña y que, de hecho, no aporta ningún elemento significativo a los principios relevantes de la mecánica cuántica.

La teoría final

Un pequeño sueño final. Si algún día la humanidad llega a descubrir una descripción más elemental de las leyes que nos rigen, apuesto a que ese conocimiento tendrá su base en la aritmética. No puedo concebir nada más básico que las relaciones que tienen los números entre sí, la magia de los números primos y sus relaciones.

Toda la comprensión del universo debe reducirse a contar de uno en uno.

Agradecimientos

Este libro existe gracias a su editor, Francisco Martínez Soria. Esta es una verdad tan irrefutable como cada uno de los postulados de la mecánica cuántica. Él ha tenido paciencia con mi lentitud, exquisito respeto por mi independencia intelectual y, sobre todo, amor por el saber. ¿Qué más se puede pedir?

Quiero también agradecer las lecturas previas hechas por mis colegas que han evitado errores y afinado matices. Gracias a Alba Cervera, a Juan José García-Ripoll y a Josep María Pons. Discutir con ellos es un inmenso placer. También lo es dar clases a nuevas generaciones. La mecánica cuántica pasa un examen año tras año en todas las universidades de la Tierra. Los jóvenes científicos dudan, la cuestionan, discuten y hacen que la mecánica cuántica sea más sólida.

Todo científico debe su carrera a las numerosas personas que lo formaron. Quiero aquí agradecer a una persona sin la que mi vida no contendría la alegría y la profundidad de la Ciencia. Se trata de Pedro Pascual, mi maestro. En 1961, Pedro fue a completar su formación en Chicago de la mano del gran físico y premio Nobel Yoichiro Nambu. A su vuelta, trajo el saber de la mecánica cuántica y los valores de disciplina de cálculo y amplia visión científica.

De Pascual aprendí la profundidad de la mecánica cuántica. Él tuvo la paciencia de enseñarme a pensar ordenadamente y a estudiar las fuentes originales. Tuvo la generosidad de cotejar nuestros cálculos codo con codo. Me mostró dos directrices científicas que han guiado mi vida: excelencia e internacionalidad. Pascual me dio la Ciencia con mayúscula y nunca pidió nada a cambio.

Debo un segundo agradecimiento científico a Daniel Z. Freedman. Tras mi doctorado, me incorporé al MIT. Es un lugar duro, marcado por una intensa competición científica y un ritmo frenético de trabajo. Fue Dan, creador de la supergravedad, quien tuvo la generosidad de incorporarme en su equipo de investigación y la paciencia de enseñarme las sutiles relaciones entre física y matemáticas. Él pulió mis apresurados cálculos y me impregnó de la máxima que rige el buen hacer científico: el diablo vive en los detalles. Dan tampoco pidió nada a cambio.

Desearía que todos los lectores pudieran tener la oportunidad de conocer a verdaderos científicos como Pedro y Dan, libres de agendas políticas, comprometidos con la gran ciencia y suficientemente sabios para saber que todos somos prescindibles.

Índice